U0241314

福建省优异农作物种质资源图鉴

余文权 等　编著

中国农业出版社
北　京

本书编委会

主　　编　余文权

副 主 编（按姓氏笔画排序）

杨如兴　吴宇芬　邱思鑫　应朝阳　张建福
张海峰　林霜霜　金　光　洪建基　温庆放

参编人员（按姓氏笔画排序）

马丽娜　王　彬　王金英　王建超　王俊宏
王振康　韦晓霞　邓素芳　邓朝军　叶新如
朱业宝　朱永生　刘　晖　刘中华　刘荣章
江　川　许奇志　阮传清　孙　君　纪荣昌
苏明星　李大忠　李国良　李和平　李春燕
李祖亮　李振武　李瑞美　李燕丽　杨　军
吴水金　吴志源　吴松海　邱永祥　余　东
张　扬　张伟利　张居念　张树河　张艳芳
陆佩兰　陈　阳　陈　恩　陈　婷　陈　源
陈芝芝　陈志彤　陈秀萍　陈湘瑜　陈德局
林　强　林　楠　林永胜　林忠宁　林赵淼
林碧珍　周　平　练冬梅　胡润芳　钟秋生
姚运法　高承芳　郭　瑞　郭林榕　黄新忠
葛慈斌　曾少敏　游小妹　蓝新隆　赖正锋
赖呈纯　赖瑞联　詹　杰　潘世明

序

种业是现代农业的“芯片”，而农作物种质资源则是现代种业创新的基础，也是保障国家食物安全、生物产业发展和生态文明建设的关键性战略资源。通过开展农作物种质资源普查与收集，可以明确农作物种质资源的数量和多样性，掌握不同农作物种质资源的演化特征，并预测今后的变化趋势。

随着气候、自然环境、种植业结构和土地经营方式等的变化，我国野生近缘植物资源因其赖以生存繁衍的栖息地遭受破坏而不断减少，导致大量地方品种消失。开展农作物种质资源普查与收集，不仅能够预防具有重要潜在利用价值种质资源的灭绝，而且通过妥善保存为作物育种和生物产业的发展提供源源不断的基因资源。就当今世界而言，围绕重要基因发掘、创新以及知识产权保护的竞争愈来愈激烈，很多国家把优良作物种质资源保护提升为可持续发展的国家战略。因此，开展农作物种质资源普查与收集工作意义重大、刻不容缓。

福建省于2017年组织参加第三次全国农作物种质资源普查与收集行动，在全省各有关单位的通力合作和广大科技人员的辛勤努力下，这项工作取得了突出成效，发掘并收集了一批具有显著地域特色和重要价值的优异种质，例如“南靖柴蕉”“棒桩薯”分别被认定为年度全国种质资源普查与收集十大重要成果。这项工作为新品种选育提供了新资源，也必将为开发特色农产品和建设特色现代农业发挥重要作用。

由余文权同志主编的《福建省优异农作物种质资源图鉴》，涵盖了粮食、蔬菜、果树、茶叶、牧草等近260种种质资源，还对福建种质资源进行了精确描绘，记载了作物品种的中文名、拉丁名、植株和种子形态特征、采集地点及经纬度等，描述了资源分布范围、主要特征特性、农民认知、利用价值及濒危状况，内容翔实，资料珍贵，为种质资源保护、鉴定评价、开发利用提供了丰富的基础材料，为全省乃至全国作物遗传与改良育种研究者提供了有益的参考和借鉴。

谨对《福建省优异农作物种质资源图鉴》的编辑出版表示热烈的祝贺！

中国科学院院士 谢华安

2021年8月10日

前言 Foreword

“一粒种子可以改变一个世界”，习近平总书记的这句话深刻阐述了种子的重大意义。农作物种质资源是现代种业创新的基础，是保障国家粮食安全、生物产业发展和生态文明建设的关键性战略资源，是农业创新的“芯片”。福建省农林植物种质资源丰富而有特色，据不完全统计，全省有植物种类4 500种以上，有丰富的粮食作物、油料作物、工业原料作物、水果、茶叶、蔬菜、花卉、农业微生物（包含食用菌）等资源，形成了茶叶、蔬菜、水产、畜禽、林竹、花卉、苗木等特色农业产业。

长期以来，福建省委、省政府十分重视农业生物资源的收集、保存和利用，多次组织开展全省农业生物资源的调查研究，通过福建省种业创新与产业化实施和“第三次全国农作物种质资源普查与收集行动”，加大了种质资源的调查、保存和引进以及新品种选育的力度，进一步丰富了全省的农业生物资源，有效地支撑了全省动植物育种的可持续发展。目前，福建省农业科学院、福建农林大学、各地市农业科学研究所等单位保存的农业生物资源达6万份以上，其中福建省农业科学院建设25个资源圃（库），全院目前已保存有果树、粮食、蔬菜、茶叶、花卉等作物种质资源2.8万份。这些丰富的农作物种质资源，为福建省开展区域种质资源开发利用研究奠定了坚实的物质基础。

根据农业农村部统一部署，福建省于2017年启动农作物种质资源普查与收集工作，福建省农业科学院作为福建省“第三次全国农作物种质资源普查与收集行动”的主要牵头单位，接收54个市县农业部门征集的各类种质资源，并负责22个农作物种质资源丰富的农业县（市、区）各类作物种质资源的系统调查。到目前为止，已组建8支种质资源调查队，共计100余人，走访146个乡镇和354个行政村，征集种质资源1 924份，接收各地农业农村局全面普查的种质资源1 976份，总计收集到农作物种质资源3 900份。其中，开发了一批具有显著地域特色和重要价值的优异种质资源，例如在福建省南靖县发现的“南靖柴蕉”及在屏南县发现的古老山药品种“棒桩薯”分别被认定为2018年、2019年全国种质资源普查与收集十大重要成果，这些优异种质资源在打造地方特色产业、发展品牌农业、助力乡村振兴等方面发挥了重要作用。

为系统梳理“第三次全国农作物种质资源普查与收集行动”项目成果，提高人们对农作物种质资源的认识，加大对古老、珍稀农作物种质资源的保护，达到优异资源的共享与合理利用，我们对“第三次全国农作物种质资源普查与收集行动”项目收集到的优异资源进行整理并汇编成图鉴。本书主要收录了未经审定的种质资源、收集来的特异种质资源、未入库新发现和有开发应用前景的种质资源，并详细描述了资源的分布范围、主要特征特性、农民认知、利用价值及濒危状况、保护措施建议，希望对学界和社会有所裨益。

本书的整理汇编工作得到了农业农村部、福建省农业农村厅种子总站、中国农业科学院作物科学研究所等单位领导及福建省农业科学院各专业研究所相关作物鉴定与评价专家的大力支持。中国科学院院士谢华安研究员为本书作序。本书的出版得到了物种品种资源保护费（“编号111721301354052062”“编号111821301354052031”）及农业种质资源圃（库）（编号XTCXGC2021019－ZYS02）项目的经费支持。在此，一并致以诚挚的谢意。

编著者

2021年7月15日

特别感谢农业农村部和中国农业科学院作物科学研究所对本项目的指导和支持，以及以下各单位为本书提供的图片资料：

福建省农业农村厅种子总站　陈双龙

泰宁县农业农村局　李世俊　曹敏嘉

柘荣县农业农村局　陈彬

永春县种子管理站　陈宝玲

松溪县农业农村局　陈代顺

同安区农村经济发展中心　陈福治

洛江区农业农村和水务局　黄丽红

闽清县农业农村局　陈明章　余琼容

延平区农业农村局　陈维忠

福鼎市农业农村局　高璐

秀屿区农业农村局　黄加煌

清流县农业农村局　林贵发

连城县种子管理站　林忠鹋

连城县文亨镇乡村振兴服务中心　林能功

连江县种子服务站　唐永晖

浦城县濠村乡乡村振兴发展中心　吴火金　郑富武

福安市农业农村局　刘庸庆

新罗区农业农村局　林炎照

平潭综合实验区农业农村发展服务中心　林辉

政和县农业农村局　叶和

永安市农业农村局　邓文才　罗奕聘

上杭县种子站　邱凤秀

长汀县农业农村局　邱逢春

芗城区农业农村局　黄晓华　高鹏忠

福清市种子服务站　邱恩娟　杨芳

福清市经济作物技术推广站　蔡力夫

大田县农业农村局　刘连生　翁锦州

梅列区农业农村局　汪明彪

光泽县农业农村局　卢品龙

德化县农业农村局　杨厚祥

长泰区种业站　杨龙寿

涵江区农业农村局　姚玉天　杨安生

顺昌县种子管理站　叶龙荣

永定区种子管理站　张炳林

东山县农业农村局　张海东

将乐县农业农村局　余宗良

南安市农业农村局　王志明

晋江市农业农村局　黄伟彬

惠安县农业农村局　黄荣元

石狮市种业发展中心　刘子薇

泉港区农业农村局和水务局　郑伟明

龙文区农业农村局　林秀惠

云霄县农业农村局　张民生　吴旺龙

福建农林大学园林学院　刘兴诏　黄柳菁　李加庆

目 录
Contents

第一章
优异农作物种质资源——粮食作物

第一节　稻类作物优异种质资源

(1)　P350505011厦门种

【作物类别】水稻

【分类】禾本科稻属亚洲栽培稻种

【学名】*Oryza sativa* L.

【来源地】福建省泉州市泉港区前黄镇。

【分布范围】于福建省泉州市泉港区及惠安县零星分布。

【农民认知】优质、稳产。

P350505011厦门种

【优良特性】糙米率80.8%，精米率77.6%，整精米率55.4%，糙米粒长5.4 mm，糙米粒宽2.6 mm，粒形长宽比2.1，垩白率97%，垩白度38.8%，透明度4级，碱消值4.0，直链淀粉含量24.9%，胶稠度30 mm。直链淀粉含量高，适宜加工米粉等食品。

【适宜地区】适宜于泉州市泉港区及惠安县周边地区作晚稻种植。

【利用价值】适宜加工成米粉等食品，能促进当地农产品加工业的发展。

【主要特征特性】属常规籼型粘稻，剑叶坚挺，株叶形态较好，谷粒圆形，叶鞘绿色，颖尖黄色，颖色黄色，种皮白色。全生育期131 d，株高107.7 cm，有效穗8.2，穗长25.0 cm，穗粒数193.0，千粒重26.9 g，谷粒长8.2 mm，谷粒宽3.3 mm。

【濒危状况及保护措施建议】仅在采集点零星种植，建议入种质资源库进行异位保存，并开展与当地稻米深加工企业的合作，扩大需求，以增加种植面积。

(2)　P350525001黑须糯米

【作物类别】水稻

【分类】禾本科稻属亚洲栽培稻种

P350525001 黑须糯米

【学名】*Oryza sativa* L.

【来源地】福建省泉州市永春县呈祥乡。

【分布范围】于福建省泉州市永春县周边零星分布。

【农民认知】高产、优质、耐涝。

【优良特性】糙米率 79.4%，精米率 68.7%，整精米率 45.1%，糙米粒长 5.9 mm，糙米粒宽 2.2 mm，粒形长宽比 2.7，碱消值 5.4，直链淀粉含量 1.4%，胶稠度 98 mm。稻米品质性状整体优良。该资源为黑糯，糯性好，可作优质特种稻利用。

【适宜地区】适宜于闽南地区作中、晚稻种植。

【利用价值】特种稻资源黑米，黑米的维生素含量丰富，可作功能保健稻利用，在农村可用来酿酒和做糍粑。

【主要特征特性】属常规籼型糯稻，株叶形态较好，剑叶挺直，叶鞘紫色，颖尖黄色，颖色黄色，种皮白色，全生育期 133 d，株高 123.3 cm，有效穗 7.4，穗长 25.7 cm，穗粒数 199.2，千粒重 22.5 g，谷粒长 8.6 mm，谷粒宽3.1 mm。

【濒危状况及保护措施建议】仅在永春县零星种植，建议入种质资源库进行异位保存，发展为当地特色优质稻米，以期扩大种植面积。

（3） P350182004 珠冬

P350182004 珠冬

【作物类别】水稻

【分类】禾本科稻属亚洲栽培稻种

【学名】*Oryza sativa* L.

【来源地】福建省福州市永泰县盘谷乡。

【分布范围】于福建省福州市分布。

【农民认知】糯性好，产量较高。

【优良特性】用于酿酒，口感优，出酒率也较高。

【适宜地区】适宜于福建低海拔地区作晚稻种植。

【利用价值】用于酿酒，口感优于其他糯稻品种酿的酒，出酒率也较高。

【主要特征特性】属常规粳型糯稻，全生育期 120 d 左右，株高 160 cm 左右，有效穗 8.2，穗长 24.6 cm，穗粒数 150.0，千粒重 27.1 g，谷粒长 6.9 mm，谷粒宽 4.0 mm，粒形长宽比 1.7，谷粒形状为短圆形。主要用于酿酒，口感优于其他糯稻品种酿的酒，出酒率也较高。

【濒危状况及保护措施建议】该地方种在永泰县有零星种植，而且均为耄耋老人留种种植，很难收集到，建议入种质资源库异位保存。同时，建议结合该地区乡村旅游业推广其酿制的米酒，打造区域地方特色农产品。

(4) 2017352088 大粒术

【作物类别】水稻

【分类】禾本科稻属亚洲栽培稻种

【学名】*Oryza sativa* L.

【来源地】福建省福州市闽侯县大湖乡。

【分布范围】于福建省福州市闽侯县零星分布。

【农民认知】味香，抗病虫。

【优良特性】抗病虫。

【适宜地区】适宜于福州地区种植。

【利用价值】主要用于制作小吃白粿。

2017352088 大粒术

【主要特征特性】属常规籼型中稻，群体整齐，株型适中，株高较高，易倒伏，后期转色好，粒重较重，叶鞘绿色，颖尖黄色，无芒。全生育期 139 d，株高 146.6 cm，有效穗 9.0，穗长 26.7 cm，穗粒数 211.7，千粒重 30.0 g，谷粒长 9.7 mm，谷粒宽 3.2 mm。

【濒危状况及保护措施建议】在大湖乡大概有 20 户种植 7 亩* 左右，种植面积不大，建议入种质资源库异位保存。建议结合白粿生产，打造品牌白粿原材料供应品种，促进该品种种植面积。

(5) P350582012 香春优种

【作物类别】水稻

【分类】禾本科稻属亚洲栽培稻种

【学名】*Oryza sativa* L.

【来源地】福建省泉州市晋江市陈埭镇。

【分布范围】于福建省泉州市晋江市陈埭镇零星分布。

【农民认知】易销售，植株较矮。

【优良特性】高产、优质、耐涝。糙米率 78.6%，精米率 70.3%，整精米率 42.0%，糙米粒长 6.1 mm，糙米粒宽 1.8 mm，粒形长宽比 3.5，垩白度 1.4%，碱消值 7.0，直链

* 亩为非法定计量单位，1 亩 = 1/15 hm^2。——编者注

淀粉含量 14.6%，胶稠度 66 mm。除整精米率外，其他稻米品质性状均达到部颁三等食用稻品质标准。

【适宜地区】适宜于福建地区作早稻种植。

【利用价值】产量米质较好。

【主要特征特性】属常规籼型早稻，群体整齐，株型适中，叶片挺直，后期转色好，粒重较轻，叶鞘绿色，颖尖褐色，颖色褐色，种皮白色。全生育期 130 d，株高 115.2 cm，有效穗 9.2，穗长 24.3 cm，穗粒数 187.2，千粒重 18.5 g，谷粒长 8.8 mm，谷粒宽 2.4 mm。

【濒危状况及保护措施建议】在晋江市陈埭镇零星种植，而且均为耄耋老人留种种植，很难收集到，建议入种质资源库进行异位保存。

P350582012 香春优种

(6) P350583023 东联红

【作物类别】水稻

【分类】禾本科稻属亚洲栽培稻种

【学名】*Oryza sativa* L.

【来源地】福建省泉州市南安市码头镇。

【分布范围】于福建省泉州市东联农业科技示范场种植。

【农民认知】作早晚稻均可。

【优良特性】米质好，产量高，适应性强，耐寒耐涝。糙米率 82.0%，精米率 74.4%，整精米率 61.4%，糙米粒长 6.0 mm，糙米粒宽 2.0 mm，粒形长宽比 2.9，垩白度 1.4%，透明度 1 级，碱消值 7.0，直链淀粉含量 18.3%，胶稠度 70 mm。稻米品质性状达到部颁二等食用稻品质标准。

P350583023 东联红

【适宜地区】适宜于闽南地区种植。

【利用价值】特种稻资源红米，红米中富含各类营养物质，特别是富含人体所需的微量元素和矿物质。在农村，红米饭可用于祭祖等。

【主要特征特性】属常规籼型晚稻，群体整齐，株型适中，后期转色好，粒重较轻，叶鞘绿色，颖尖黄色，颖色银灰色，种皮红色。全生育期 123 d，株高 115.7 cm，有效穗 11.2，穗长 23.0 cm，穗粒数 307.2，千粒重 21.0 g，谷粒长 8.3 mm，谷粒宽 2.6 mm。

【濒危状况及保护措施建议】米质好，糙米颜色均匀。仅在东联农业科技示范场内零星种植，建议入种质资源库进行异位保存，同时加强与乡村旅游业等的合作，开发地方特色高端米。

（7） P350583026 东联八号

【作物类别】水稻

【分类】禾本科稻属亚洲栽培稻种

【学名】*Oryza sativa* L.

【来源地】福建省泉州市南安市码头镇。

【分布范围】于福建省泉州市东联农业科技示范场内种植。

【农民认知】耐寒耐涝，不易倒伏，茎秆粗壮，穗大粒多，长粒型。

P350583026 东联八号

【优良特性】产量高，适应性强，耐寒。糙米率 78.5%，精米率 66.5%，整精米率 43.6%，糙米粒长 6.4 mm，糙米粒宽 1.9 mm，粒形长宽比 3.4，垩白度 3.8%，透明度 2 级，碱消值 5.0，直链淀粉含量 12.7%，胶稠度 54 mm 。稻米品质性状整体优良。

【适宜地区】适宜于闽南地区作早、晚稻种植。

【利用价值】该常规稻产量较高，可以作双季稻使用，生育期适中，利用价值较高。

【主要特征特性】属常规籼型粘稻，茎秆粗壮，穗大粒多，粒形细长，着粒密度高，叶鞘绿色，颖尖黄色，颖色黄色，种皮白色。全生育期 128 d，株高 110.8 cm，有效穗 6.8，穗长 26.1 cm，穗粒数 254.4，千粒重 25.5 g，谷粒长 10.5 mm，谷粒宽 2.5 mm。

【濒危状况及保护措施建议】该种质资源在码头镇零星种植，很难收集到，建议入种质资源库进行异位保存。

（8） 2018351281 K28

【作物类别】水稻

【分类】禾本科稻属亚洲栽培稻种

【学名】*Oryza sativa* L.

【来源地】福建省龙岩市武平县十方镇。

【分布范围】于福建省龙岩市武平县种植。

【农民认知】米粒硬，适合做特色小吃簸箕粄。

【优良特性】糙米率 80.4%，精米率 71.4%，整精米率 46.2%，糙米粒长 6.8 mm，糙米粒宽 2.3 mm，粒形长宽比 3.0，垩白度 8.5%，透明度 2 级，碱消值 5.3，直链淀粉含量 26.6%，胶稠度 30 mm。该资源直链淀粉含量高，适合做米粉类深加工，制作特色小吃簸箕板、搞板子。

2018351281 K28

【适宜地区】适宜于闽西北地区作晚稻种植。

【利用价值】适合制作著名的客家小吃簸箕板，促进当地旅游产业的发展。

【主要特征特性】属于常规籼型粘稻，株型松散适中，剑叶直立、较短，茎秆稍细，易倒伏，叶鞘绿色，颖尖黄色，颖色黄色，种皮白色。全生育期 123 d，株高 128.3 cm，有效穗 9.4，穗长 27.7 cm，穗粒数 178.6，千粒重 26.3 g，谷粒长 9.3 mm，谷粒宽 2.8 mm。

【濒危状况及保护措施建议】在武平县零星种植。建议入种质资源库进行异位保存，并结合当地旅游业，大力推广土特产，增加种植面积。

（9） 2017351045 小谷子

【作物类别】水稻

【分类】禾本科稻属亚洲栽培稻种

【学名】*Oryza sativa* L.

【来源地】福建省三明市明溪县枫溪乡。

【分布范围】于福建省三明市明溪县部分地区零星分布。

【农民认知】粒形细长，透明度高，口感好。

【优良特性】糙米率 80.4%，精米率 68.4%，整精米率 30%，糙米粒长 7.4 mm，糙米粒宽 1.9 mm，粒形长宽比 4.0，垩白度 1.2%，透明度 1 级，碱消值 6.4，直链淀粉含量 16.9%，胶稠度 68 mm。该品种粒形细长，除整精米率外，其他稻米品质性状均达到部颁二等食用稻品质标准。

【适宜地区】适宜于福建作早稻或烟后稻种植。

2017351045 小谷子

【利用价值】米质较好，可以作为优质米品种种植。

【主要特征特性】属于常规籼型粘稻，群体整齐，株型紧凑，剑叶挺直，熟期转色好，粒形细长，粒重适中，叶鞘绿色，颖尖黄色，颖色黄色，种皮白色。全生育期 120 d，株高 133.8 cm，有效穗 10.4，穗长 28.3 cm，穗粒 177.0，千粒重 28.5 g，谷粒长 12.2 mm，谷粒宽 2.6 mm。

【濒危状况及保护措施建议】在福建省三明市明溪县枫溪乡官坊回族村有种植该品种 10 亩左右，该种质资源是 20 世纪 90 年代杂交稻制种父本，农民均认为其米质口感很好，因而自留种种植至今。建议入种质资源库异位保存，可以在育种中作为亲本利用。

(10) P350982004 胭脂红

【作物类别】水稻

【分类】禾本科稻属亚洲栽培稻种

【学名】*Oryza sativa* L.

【来源地】福建省宁德市福鼎市管阳镇。

【分布范围】于福建省宁德市福鼎市管阳镇零星分布。

【农民认知】具有补血功效，俗称“坐月子米”。

【优良特性】米质好，产量高，适应性强。糙米率 79.5%，精米率 69.0%，整精米 42.6%，糙米粒长 5.7 mm，糙米粒宽 1.8 mm，粒形长宽比 3.2，垩白度 14.0%，透明度 4 级，碱消值 6.2，直链淀粉含量 13.7%，胶稠度 75 mm。稻米品质性状整体优良。该资源为红米，可作特种稻加以利用。

【适宜地区】适宜于闽东地区作早稻种植。

P350982004 胭脂红

【利用价值】胭脂红是特种稻资源红米，在抗氧化能力和营养品质方面较白米更好，含有泛酸、维生素 E 等物质，其含有的红色素与化学合成的红色素相比，更为安全，而且红米还有健脾消食、活血化瘀的功效，可作为功能保健稻利用。

【主要特征特性】属常规籼型粘稻，群体整齐，株型紧凑，剑叶挺直，后期转色好，粒形细长，粒重较小，有短芒，叶鞘绿色，颖尖黄色，颖色银灰色，种皮红色。全生育期 138 d，株高 118.6 cm，有效穗 11.4，穗长 27.7 cm，穗粒数 195.8，千粒重 18.9 g，谷粒长 8.4 mm，谷粒宽 2.4 mm。

【濒危状况及保护措施建议】在管阳镇零星种植，难收集到。建议入种质资源库进行异位保存，并结合当地旅游业，发展特色土特产，增加种植面积。

（11） P350122002 长龙时谷

【作物类别】水稻

【分类】禾本科稻属亚洲栽培稻种

【学名】*Oryza sativa* L.

【来源地】福建省福州市连江县长龙镇。

【分布范围】于福建省福州市连江县零星分布。

【农民认知】做饭香，口感好，糯性好。

【优良特性】糯性强，口感好。糙米率79.1%，精米率68.6%，整精米率54.6%，糙米粒长6.2 mm，糙米粒宽2.0 mm，粒形长宽比3.0，碱消值5.8，直链淀粉含量1.5%，胶稠度100 mm。该品种为黑米，可作特种稻利用。

【适宜地区】适宜于闽东及周边地区作晚稻种植。

P350122002 长龙时谷

【利用价值】特种稻资源黑米，可用于加工畲族美食乌米饭，或酿制黑米酒，促进畲乡旅游产业的发展。

【主要特征特性】属常规籼型糯稻，群体整齐，株型紧凑，剑叶挺直，株叶形态较好，粒形细长，叶鞘紫色，颖尖紫色，颖色赤褐色，种皮黑色。全生育期122 d，株高125.9 cm，有效穗7.0，穗长28.7 cm，穗粒数206.2，千粒重22.9 g，谷粒长9.1 mm，谷粒宽2.9 mm。

【濒危状况及保护措施建议】在连江县有零星种植。建议入种质资源库进行异位保存，并结合当地畲族特色风情，发展特色农产品产业，推动该品种的种植面积的扩大。

（12） P350583012 东联白米2号

【作物类别】水稻

【分类】禾本科稻属亚洲栽培稻种

【学名】*Oryza sativa* L.

【来源地】福建省泉州市南安市码头镇。

【分布范围】于福建省泉州市南安市周边零星分布。

【农民认知】高产，优质，广适，耐涝。

【优良特性】米质优，产量高，抗稻瘟病。糙米率80.7%，精米率73.0%，整精米率70.2%，糙米粒长6.3 mm，糙米粒宽1.9 mm，粒形长宽比3.3，垩白率2%，垩白度0.4%，透明度1级，碱消值7.0，直链淀粉含量18.7%，胶稠度47 mm。除胶稠度外，其他稻米品质性状均达到部颁二等食用稻品质标准。

【适宜地区】适宜于闽南地区作早稻种植。

【利用价值】稻米品质优良，可作为优质稻推广。

【主要特征特性】属常规籼型粘稻，株叶形态较好，剑叶挺直，穗大粒多，粒形细长，出米率高，叶鞘绿色，颖尖黄色，颖色黄色，种皮白色。全生育期 124 d，株高 126.3 cm，有效穗 8.4，穗长 26.1 cm，穗粒数 316.4，千粒重 21.5 g，谷粒长 8.7 mm，谷粒宽 2.5 mm。

P350583012 东联白米 2 号

【濒危状况及保护措施建议】仅在东联农业科技示范场内种植，建议入种质资源库进行异位保存，同时发展为当地特色优质稻米，以期扩大种植面积。

(13) P350583019 宫占同安本

【作物类别】水稻

【分类】禾本科稻属亚洲栽培稻种

【学名】*Oryza sativa* L.

【来源地】福建省泉州市南安市码头镇。

【分布范围】于福建省泉州南安市周边零星分布。

【农民认知】高产、优质、广适、耐涝。

【优良特性】粒形细长，米质较好。糙米率 80.2%，精米率 71.7%，整精米率 63.7%，糙米粒长 6.3 mm，糙米粒宽 1.9 mm，粒形长宽比 3.3，垩白率 4%，垩白度 0.8%，透明度 1 级，碱消值 7.0，直链淀粉含量 18.6%，胶稠度 44 mm。除胶稠度外，其他稻米品质性状均达到部颁二等食用稻品质标准。

P350583019 宫占同安本

【适宜地区】适宜于闽南地区作早稻种植。

【利用价值】米质优，可作为优质稻利用。

【主要特征特性】属常规籼型粘稻，株叶形态好，后期转色好，剑叶挺直，谷粒细长，叶鞘绿色，颖尖黄色，颖色黄色，种皮白色。全生育期 128 d，株高 113.1 cm，有效穗 6.2，穗长 27.1 cm，穗粒数 273.0，千粒重 21.7 g，谷粒长 9.2 mm，谷粒宽 2.5 mm。

【濒危状况及保护措施建议】只有少数农民在零星种植，建议入种质资源库进行异位保存，作为优质稻推广利用。

（14） P350583024 东联红 2 号

【作物类别】水稻

【分类】禾本科稻属亚洲栽培稻种

【学名】*Oryza sativa* L.

【来源地】福建省泉州市南安市码头镇。

【分布范围】于福建省泉州市南安市码头镇及周边地区零星分布。

【农民认知】米质优，口感好。

【优良特性】糙米率 69.4%，精米率 62.8%，整精米率 57.3%，糙米粒长 6.2 mm，糙米粒宽 1.8 mm，粒形长宽比 3.4，垩白度 1.1%，透明度 1 级，碱消值 7.0，直链淀粉含量 18.1%，胶稠度 45 mm。除糙米率、胶稠度外，其他稻米品质性状均达到部颁二等食用稻品质标准。抗稻瘟病。

P350583024 东联红 2 号

【适宜地区】适宜于闽南地区作早稻种植。

【利用价值】特种稻资源红米，米质较好，也可作加工特色农产品加以利用。在农村，常用红米饭祭祖。

【主要特征特性】属常规籼型粘稻，剑叶挺直，株叶形态好，穗较长，粒形细长，叶鞘绿色，颖尖黄色，颖色银灰色，种皮红色。全生育期 122 d，株高 123.8 cm，有效穗 10.8，穗长 25.4 cm，穗粒数 256.4，千粒重 20.7 g，谷粒长 9.0 mm，谷粒宽 2.4 mm。

【濒危状况及保护措施建议】仅在东联农业科技示范场内种植，建议入种质资源库进行异位保存，发展为当地特色优质稻米，以期扩大种植面积。

（15） P350625025 野生稻

【作物类别】水稻

【分类】禾本科稻属亚洲栽培稻种

【学名】*Oryza sativa* L.

【来源地】福建省漳州市长泰区坂里乡。

【分布范围】于福建省漳州市长泰区坂里乡周边零星分布。

【农民认知】口感好，米质优。

【优良特性】糙米率 81.6%，精米率 74.3%，整精米率 61.8%，糙米粒长 6.1 mm，糙米粒宽 2.0 mm，粒形长宽比 3.0，垩白率 7%，垩白度 1.2%，透明度 1 级，碱消值 7.0，直链淀粉含量 17.7%，胶稠度 42 mm。除胶稠度外，其他稻米品质性状均达到部颁二等食用稻品质标准。

【适宜地区】适宜于福建地区作早稻种植。

【利用价值】米质优，可作优质稻利用。

【主要特征特性】属常规籼型粘稻，株叶形态较好，剑叶挺直，较长，谷粒细长，粒重较小，叶鞘绿色，颖尖黄色，颖色黄色，种皮白色。全生育期 121 d，株高 115.1 cm，有效穗 8.6，穗长 27.6 cm，穗粒数 258.0，千粒重 20.9 g，谷粒长 8.6 mm，谷粒宽 2.6 mm。

P350625025 野生稻

【濒危状况及保护措施建议】仅在采集地发现零星种植，建议入种质资源库进行异位保存，并作为优质稻推广利用。

（16） 2018355030 大溪白

【作物类别】水稻

【分类】禾本科稻属亚洲栽培稻种

【学名】*Oryza sativa* L.

【来源地】福建省漳州市诏安县官陂镇。

【分布范围】于福建省漳州市诏安县官陂镇周边零星分布。

【农民认知】广适，耐涝。

【优良特性】糙米率 80.2%，精米率 72.0%，整精米率 52.8%，糙米粒长 5.4 mm，糙米粒宽 2.3 mm，粒形长宽比 2.4，垩白度 8.0%，透明度 2 级，碱消值 7.0，直链淀粉含量 26.7%，胶稠度 30 mm。该资源直链淀粉含量高，适宜于作特种稻利用。

2018355030 大溪白

【适宜地区】适宜于闽南地区作早、晚稻种植。

【利用价值】直链淀粉含量高，适合作米粉、白粿等深加工的原料。

【主要特征特性】属常规粳型粘稻，株叶形态较好，剑叶挺直，叶鞘绿色，颖尖黄色，颖色黄色，种皮白色。全生育期 125 d，株高 117.9 cm，有效穗 8.2，穗长 25.0 cm，穗粒数 209.0，千粒重 21.5 g，谷粒长 7.9 mm，谷粒宽 3.0 mm。

【濒危状况及保护措施建议】在官陂镇有零星种植，很难收集到，建议入种质资源库进行异位保存，并作特种稻加以推广利用。

（17） P350823015 珍珠谷

【作物类别】水稻

【分类】禾本科稻属亚洲栽培稻种

【学名】*Oryza sativa* L.

【来源地】福建省龙岩市上杭县稔田镇。

【分布范围】于福建省龙岩市上杭县稔田镇周边零星分布。

【农民认知】适口性好。

【优良特性】糙米率 82.4%，精米率 75%，整精米率 69.2%，糙米粒长 6.3 mm，糙米粒宽 2.2 mm，粒形长宽比 2.9，垩白度 1.6%，透明度 1 级，碱消值 7.0，直链淀粉含量 17.1%，胶稠度 45 mm。除胶稠度性状外，其他稻米品质性状均达到部颁二等食用稻品质标准。

P350823015 珍珠谷

【适宜地区】适宜于闽西北地区作中、晚稻种植。

【利用价值】稻米品质好，可作优质稻推广利用。

【主要特征特性】属常规籼型粘稻，株高较高，株叶形态较好，中粒型，叶鞘绿色，颖尖黄色，颖色黄色，种皮白色。全生育期 123 d，株高 138.8 cm，有效穗 9.6，穗长 25.5 cm，穗粒数 187.4，千粒重 23.5 g，谷粒长 8.9 mm，谷粒宽 2.8 mm。

【濒危状况及保护措施建议】仅发现少数农户有少量种植，很难收集到，建议入种质资源库进行异位保存。

（18） P350429005 红米稻

【作物类别】水稻

【分类】禾本科稻属亚洲栽培稻种

【学名】*Oryza sativa* L.

【来源地】福建省三明市泰宁县大田乡。

【分布范围】于福建省三明市泰宁县大田乡及周边地区零星分布。

【农民认知】米色好，俗称“坐月子米”。

【优良特性】糙米率69.9%，精米率62.9%，整精米率60.2%，糙米粒长5.8 mm，糙米粒宽1.9 mm，粒形长宽比3.1，垩白度2.8%，透明度2级，碱消值7.0，直链淀粉含量16.7%，胶稠度45 mm。米质性状除糙米率、胶稠度外，其他稻米品质性状均达到部颁二等食用稻品质标准。

【适宜地区】适宜于闽北地区作中、晚稻种植。

【利用价值】特种稻资源红米，可用于煮红米干饭或稀饭，营养价值高。

P350429005 红米稻

【主要特征特性】属常规籼型粘稻，株高适中，株叶形态好，分蘖力强，剑叶挺直，叶鞘绿色，颖尖秆黄色，颖色黄色，种皮红色。全生育期122 d，株高132.8 cm，有效穗11.4，穗长26.1 cm，穗粒数157.0，千粒重19.5 g，谷粒长8.4 mm，谷粒宽2.5 mm。

【濒危状况及保护措施建议】仅发现在大田乡零星种植，而且均为耄耋老人留种种植，很难收集到，建议入种质资源库进行异位保存，同时作为地方特色资源，加以开发利用。

(19) P350429006 本地糯

【作物类别】水稻

【分类】禾本科稻属亚洲栽培稻种

【学名】*Oryza sativa* L.

【来源地】福建省三明市泰宁县大田乡。

【分布范围】于福建省三明市泰宁县大田乡及周边地区零星分布。

【农民认知】口感好，酿酒出酒率高。

【优良特性】糙米率80.3%，精米率72.5%，整精米率60.6%，糙米粒长6.5 mm，糙米粒宽2.1 mm，粒形长宽比3.1，碱消值7.0，直链淀粉含量3.9%，胶稠度100 mm。稻米品质部分优良。该资源出米率高，糯性好。

【适宜地区】适宜于闽北地区作中、晚

P350429006 本地糯

稻种植。

【利用价值】可以用来酿酒和制作糍粑等地方特色农产品。酿酒出酒率高，酒渣少。

【主要特征特性】属常规籼型粘糯稻，株型较松散，易倒伏，谷粒细长，叶鞘绿色，颖尖秆黄色，颖色黄色，种皮白色。全生育期 125 d，株高 127.4 cm，有效穗 8.2，穗长 26.0 cm，穗粒数 186.2，千粒重 24.7 g，谷粒长 9.4 mm，谷粒宽 2.8 mm。

【濒危状况及保护措施建议】在大田乡零星种植，而且均为耄耋老人留种种植，很难收集到，建议入种质资源库进行异位保存。

（20） 2018356195 红米仔

【作物类别】水稻

【分类】禾本科稻属亚洲栽培稻种

【学名】*Oryza sativa* L.

【来源地】福建省三明市尤溪县联合镇。

【分布范围】于福建省三明市尤溪县联合镇及周边地区零星分布。

【农民认知】米色好。

【优良特性】糙米率 80.9%，精米率 71.9%，整精米率 60.3%，糙米粒长 5.7 mm，糙米粒宽 1.8 mm，粒形长宽比 3.1，垩白度 2.6%，透明度 2 级，碱消值 7.0，直链淀粉含量 16.7%，胶稠度 56 mm。稻米品质性状达到部颁二等食用稻品质标准。抗稻瘟病。

2018356195 红米仔

【适宜地区】适宜于闽北地区作中、晚稻种植。

【利用价值】特种稻资源红米，米色红，米质好，适合作优质特种稻推广利用。

【主要特征特性】属常规籼型粘稻，株高较高，株叶态好，剑叶挺直，叶鞘绿色，颖尖秆黄色，颖色银灰色，种皮红色。全生育期 122 d，株高 124.9 cm，有效穗 9.4，穗长 25.0 cm，穗粒数 132.4，千粒重 18.6 g，谷粒长 8.4 mm，谷粒宽 2.4 mm。

【濒危状况及保护措施建议】在联合镇零星种植，很难收集到，建议入种质资源库进行异位保存，同时可以结合扶贫，将其作为地方优质特种稻推广利用。

（21） P350722007 黑米

【作物类别】水稻

【分类】禾本科稻属亚洲栽培稻种

【学名】*Oryza sativa* L.

【来源地】福建省南平市浦城县濠村乡。

【分布范围】于福建省南平市浦城县濠村乡及周边地区零星分布。

【农民认知】米色均匀，口感好。

【优良特性】糙米率 78.2%，精米率 64.4%，整精米率 44.9%，糙米粒长 6.3 mm，糙米粒宽 2.1 mm，粒形长宽比 3.0，碱消值 6.9，直链淀粉含量 1.5%，胶稠度98 mm。该资源糯性好，糙米色黑而均匀，谷粒细长，适合加工特色农产品，如黑米酒等。

【适宜地区】适宜于闽北地区作中、晚稻种植。

【利用价值】特种稻资源黑米，可用于酿造黑米酒和制作黑米八宝粥。黑米的维生素含量丰富，因此可做成各种功能保健食品。

P350722007 黑米

【主要特征特性】属常规籼型粘糯稻，株型一般，叶鞘紫色，颖尖黑色，颖色紫黑色，种皮黑色。全生育期 129 d，株高 138.8 cm，有效穗 9.6，穗长 29.1 cm，穗粒数 234.6，千粒重 23.4 g，谷粒长 9.70 mm，谷粒宽 2.9 mm。

【濒危状况及保护措施建议】在濠村乡仅发现零星种植，很难收集到，建议入种质资源库进行异位保存，同时作为地方特色资源、扶贫产品等加以开发利用。

(22) 2018355213 长新矮秆红米

【作物类别】水稻

【分类】禾本科稻属亚洲栽培稻种

【学名】*Oryza sativa* L.

【来源地】福建省宁德市屏南县长桥镇。

【分布范围】于福建省宁德市屏南县长桥镇及周边地区零星分布。

【农民认知】糙米颜色好，糯性好。

【优良特性】糙米率 79.1%，精米率 68.6%，整精米率 42.7%，糙米粒长 5.7 mm，糙米粒宽 1.8 mm，粒形长宽比 3.1，碱消值 5.0，直链淀粉含量 13.7%，胶稠度 78 mm。稻米品质性状部分优良。

【适宜地区】适宜于闽东地区作中、晚稻种植。

2018355213 长新矮秆红米

【利用价值】作为红色糯稻，比较少见，米质较好，烹饪稀饭和干饭均适宜，还可制作红米八宝饭。

【主要特征特性】属常规籼型糯稻，株叶形态好，剑叶挺直，叶鞘绿色，颖尖黄色，颖色银灰色，种皮红色。全生育期 120 d，株高 124.5 cm，有效穗 8.8，穗长 25.5 cm，穗粒数 161.4，千粒重 19.2 g，谷粒长 8.4 mm，谷粒宽 2.4 mm。

【濒危状况及保护措施建议】在长桥镇仅零星种植，很难收集到，建议入种质资源库进行异位保存，同时作为地方特色资源，加以开发利用。

（23） P350926014 小粒红米

【作物类别】水稻

【分类】禾本科稻属亚洲栽培稻种

【学名】*Oryza sativa* L.

【来源地】福建省宁德市柘荣县富溪镇。

【分布范围】于福建省宁德市柘荣县富溪镇及周边地区零星分布。

【农民认知】米色红润，口感好。

P350926014 小粒红米

【优良特性】糙米率 81.5%，精米率 72.2%，整精米率 61.3%，糙米粒长 5.7 mm，糙米粒宽 1.9 mm，粒形长宽比 3.0，垩白度 1.3%，透明度 2 级，碱消值 7.0，直链淀粉含量 17.6%，胶稠度 61 mm。稻米品质性状达到部颁二等食用稻品质标准。

【适宜地区】适宜于闽东地区作中、晚稻种植。

【利用价值】特种稻资源红米，米质较好，烹饪稀饭和干饭均适宜，营养价值丰富。

【主要特征特性】属常规籼型粘稻，株叶形态好，后期转色好，叶鞘绿色，颖尖黄色，颖色银灰色，种皮红色。全生育期 121 d，株高 121.5 cm，有效穗 9.7，穗长 26.9 cm，穗粒数 192.8，千粒重 19.7 g，谷粒长 8.5 mm，谷粒宽 2.5 mm。

【濒危状况及保护措施建议】在富溪镇仅发现零星种植，很难收集到，建议入种质资源库进行异位保存，同时作为地方特色资源，加以开发利用。

（24） P350525019 米子

【作物类别】水稻

【分类】禾本科稻属亚洲栽培稻种

【学名】*Oryza sativa* L.

【来源地】福建省泉州市永春县。

【分布范围】于福建省泉州市永春县及周边地区零星分布。

P350525019 米子

【农民认知】高产、优质、耐涝。

【优良特性】糙米率78.8%，精米率67.9%，整精米率34.1%，糙米粒长6.2 mm，糙米粒宽1.8 mm，粒形长宽比3.5，垩白率12%，垩白度2.5%，透明度1级，碱消值6.5，直链淀粉含量13.1%，胶稠度58 mm。除整精米率外，其他稻米品质性状均达到部颁三等食用稻品质标准。

【适宜地区】适宜于闽南地区作早稻种植。

【利用价值】米质较好，可作中、晚稻利用。

【主要特征特性】属常规籼型粘稻，株叶形态好，剑叶挺直较短，穗着粒密度高，谷粒细长，粒重较小，有短芒。叶鞘绿色，颖尖黄色，颖色黄色，种皮白色。全生育期130 d，株高117.0 cm，有效穗10.0，穗长26.4 cm，穗粒数270.2，千粒重19.9 g，谷粒长9.2 mm，谷粒宽2.4 mm。

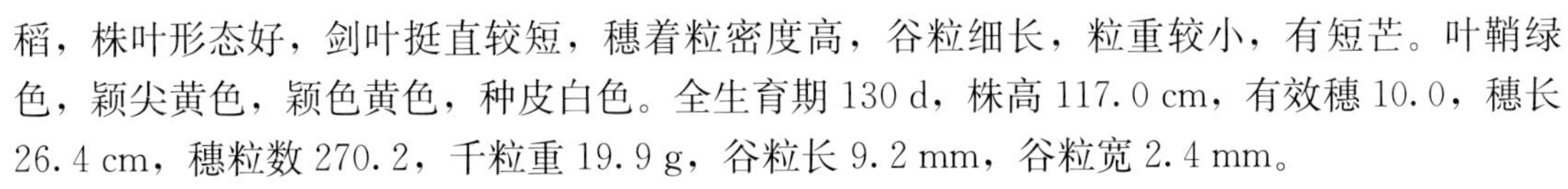

【濒危状况及保护措施建议】仅在永春县有零星种植，建议入种质资源库进行异位保存，发展为当地特色优质稻米，以期扩大种植面积。

（25） P350124017 长毛粳谷

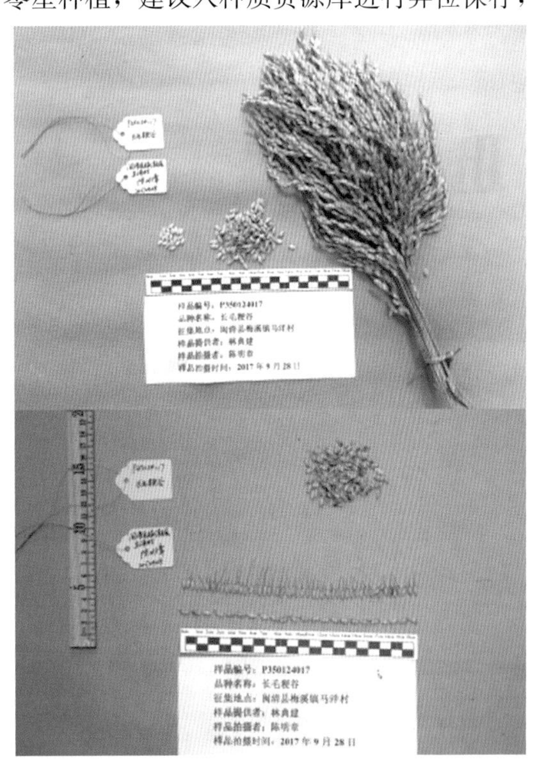
P350124017 长毛粳谷

【作物类别】水稻

【分类】禾本科稻属亚洲栽培稻种

【学名】*Oryza sativa* L.

【来源地】福建省福州市闽清县梅溪镇。

【分布范围】于福建省福州市闽清县分布。

【农民认知】性冷、味甘、无毒。

【优良特性】耐贫瘠，抗性较好，米质优，千粒重重，株高中等。

【适宜地区】适宜于福建省中稻区种植。

【利用价值】米质优，当地主要用于加工白粿。

【主要特征特性】属中稻地方常规品种，可在海拔503.5 m的梅溪镇马洋村山岗梯田收集到。该品种由农户自留种传统种植，分布少。当地种植生育期约150 d，株型适中，株高约 110 cm，分蘖力中等，剑叶长短适中、斜立，熟期转色好。产量中等，亩产 350～450 kg。穗粒中等，平均穗长约 23 cm，平均穗粒数约 115，结实率约 85%，千粒重约 35 g，芒长 0.4～2.5 cm，不易落粒。

【濒危状况及保护措施建议】在闽清县有零星种植，建议入种质资源库进行异位保存。

（26） 2018351287 江西糯谷

【作物类别】水稻

【分类】禾本科稻属亚洲栽培稻种

【学名】*Oryza sativa* L.

【来源地】福建省龙岩市武平县十方镇。

【分布范围】于福建省龙岩市十方镇周边零星分布。

【农民认知】糯性好，黏性强。

【优良特性】糙米率 80.2%，精米率 72.5%，整精米率 62.9%，糙米粒长 6.5 mm，糙米粒宽 2.1 mm，粒形长宽比 3.1，碱消值 7.0，胶稠度 100 mm，直链淀粉含量 0.9%。该资源为长粒形，糯性好。

【适宜地区】适宜于闽西北地区作晚稻种植。

【利用价值】可以用来酿酒和制作糍粑，制作出的糍粑黏性好，酿酒时出酒率高，酒渣少。

2018351287 江西糯谷

【主要特征特性】属常规籼型粘糯稻，全生育期 122 d，株型较散，后期转色好，粒形细长，叶鞘绿色，颖尖黄色，颖色黄色，种皮白色，株高 123.9 cm，有效穗 7.4，穗长 25.9 cm，穗粒数 178.4，千粒重 26.1 g，谷粒长 9.4 mm，谷粒宽 2.9 mm。

【濒危状况及保护措施建议】在十方镇有零星种植，很难收集到，建议入种质资源库进行异位保存。

（27） 2018351288 红米

【作物类别】水稻

【分类】禾本科稻属亚洲栽培稻种

【学名】*Oryza sativa* L.

【来源地】福建省龙岩市武平县十方镇。

【分布范围】于福建省龙岩市十方镇周边零星分布。

【农民认知】口感好。

【优良特性】糙米率 80.5%，精米率 71%，整精米率 66.2%，糙米粒长 5.6 mm，糙米粒宽1.9 mm，粒形长宽比 3.0，垩白度 1.7%，透明度 2 级，碱消值 7.0，直链淀粉含量 17.1%，胶稠度 59 mm。稻米品质性状达到部颁二等食用稻品质标准。

【适宜地区】适宜于闽西北地区作中、晚稻种植。

【利用价值】特种稻资源红米。红米中富含各类营养物质，特别是富含人体所需的微量元素和矿物质，米质好，可以加工成苎叶粄等地方特色小吃。

【主要特征特性】属常规籼型粘稻，株叶形态较好，剑叶挺直，分蘖较强，叶鞘绿色，颖尖秆黄色，颖色银灰色，种皮红色。全生育期 121 d，株高 121.3 cm，有效穗 10.6，穗长 27.3 cm，穗粒数 191.8，千粒重 19.1 g，谷粒长 8.4 mm，谷粒宽 2.4 mm。

2018351288 红米

【濒危状况及保护措施建议】仅几户耄耋老人留种种植，很难收集到，建议入种质资源库进行异位保存，同时结合当地红色旅游文化，发展地方特色小吃，进而扩大种植面积。

(28) 2019351087 寸糯

【作物类别】水稻

【分类】禾本科稻属亚洲栽培稻种

【学名】*Oryza sativa* L.

【来源地】福建省漳州市龙海区海澄镇。

【分布范围】于福建省漳州市龙海区海澄镇零星分布。

【农民认知】质地软，弹性强。

【优良特性】穗大穗多，穗粒数 200 左右，千粒重 25 g 左右。

2019351087 寸糯

【适宜地区】适宜于福建省种植。

【利用价值】质地软、弹性强，是制作年糕的好原料。

【主要特征特性】糯性强，分蘖力一般，株叶形态好，叶绿色，株高 115 cm 左右，颖壳有芒，穗长 25 cm 左右，穗大穗多，穗粒数 200 左右，千粒重 25 g 左右，亩产 225 kg 左右。生育期适中，早季 3 月初播种，7 月上中旬收获；晚季 7 月中旬播种，10 月下旬至

11 月上旬收获。

【濒危状况及保护措施建议】 在海澄镇有零星种植，建议入种质资源库进行异位保存。

（29） 2019351375 钢白矮水稻

【作物类别】 水稻

【分类】 禾本科稻属亚洲栽培稻种

【学名】 *Oryza sativa* L.

【来源地】 福建省漳州市平和县大溪镇。

【分布范围】 于福建省漳州市平和县大溪镇、霞寨镇、九峰镇等个别乡镇村庄零星分布。

【农民认知】 根系发达，耐肥抗倒；适应性广，耐寒力较强；出米率高，米质中上。

【优良特性】 结实率 90%以上。

【适宜地区】 适宜于福建省种植。

【利用价值】 当地主要用于制作卷仔粿，客家地区称之为牛肠粄，该特色美食除了可以蘸酱凉食，也可配上佐料，用大锅烩炒，味道香美。

2019351375 钢白矮水稻

【主要特征特性】 一年生，属晚季品种，株高 1 m 左右，穗粒数 115，结实率 90%以上，后期转色好，叶片比较直立，6 月中旬播种，成熟期在 11 月中旬，全生育期 146 d 左右，有些年份穗茎瘟比较严重，亩产量 460 kg 左右。

【濒危状况及保护措施建议】 当地有零星种植，建议入种质资源库进行异位保存。

（30） 2018355041 江白

【作物类别】 水稻

【分类】 禾本科稻属亚洲栽培稻种

【学名】 *Oryza sativa* L.

【来源地】 福建省漳州市诏安县官陂镇。

【分布范围】 于福建省漳州市诏安县官陂镇周边零星分布。

【农民认知】 广适、耐涝。

【优良特性】 糙米率 80.1%，精米率 71.4%，整精米率 48.0%，糙米粒长 5.3 mm，糙米粒宽 2.3 mm，粒形长宽比 2.4，垩白度 9.6%，透明度 2 级，碱消值 6.7，直链淀粉含量 27.2%，胶稠度 30 mm。稻米品质性状部分优良，该资源直链淀粉含量高，适宜于作特种稻利用。

【适宜地区】适宜于闽南地区作早稻种植。

【利用价值】直链淀粉含量高，适合深加工制作米粉、白粿等。

【主要特征特性】属常规籼型粘稻，株叶形态较好，剑叶挺直，叶鞘绿色，颖尖黄色，颖色黄色，种皮白色。全生育期129 d，株高 122 cm，有效穗 8.9，穗长25.6 cm，穗粒数 310.8，千粒重 21.68 g，谷粒长 7.9 mm，谷粒宽 2.9 mm。

【濒危状况及保护措施建议】在官陂镇零星种植，而且均为耄耋老人留种种植，很难收集到，建议入种质资源库进行异位保存，并作为特种稻加以开发利用。

2018355041 江白

(31) P350425008 本地糯谷

【作物类别】水稻

【分类】禾本科稻属亚洲栽培稻种

【学名】*Oryza sativa* L.

【来源地】福建省三明市大田县前坪乡。

【分布范围】于福建省三明市大田县前坪乡周边地区零星分布。

【农民认知】糯性好，黏性强。

【优良特性】糙米率 80.5%，精米率72.4%，整精米率 66.3%，糙米粒长 6.5 mm，糙米粒宽 2.1 mm，粒形长宽比 3.1，碱消值 7.0，直链淀粉含量 1.1%，胶稠度100 mm。该资源出米率高，长粒形，糯性好。

【适宜地区】适宜于闽北地区作晚稻或烟后稻种植。

【利用价值】可以作为特种稻，用来酿酒和制作糍粑。

P350425008 本地糯谷

【主要特征特性】属常规籼型粘糯稻，株型较松散，但剑叶挺直，叶鞘绿色，颖尖黄色，颖色黄色，种皮白色。全生育期124 d，株高 128.8 cm，有效穗 7.4，穗长 26.1 cm，穗粒数 175.6，千粒重 25.6 g，谷粒长

9.4 mm，谷粒宽 2.9 mm。

【濒危状况及保护措施建议】仅有少数耄耋老人留种种植，很难收集到，建议入种质资源库进行异位保存，同时可将其发展为当地特色深加工产品，促进该资源的利用。

（32） P350781012 糯稻

【作物类别】水稻

【分类】禾本科稻属亚洲栽培稻种

【学名】*Oryza sativa* L.

【来源地】福建省南平市邵武市水北镇。

【分布范围】于福建省南平市邵武市水北镇及周边地区零星分布。

【农民认知】糯性好。

【优良特性】糙米率 79.3%，精米率 71.1%，整精米率 64.7%，糙米粒长 6.5 mm，糙米粒宽 2.0 mm，粒形长宽比 3.2，碱消值 7.0，直链淀粉含量 1.3%，胶稠度 100 mm。稻米营养品质部分优良。该资源出米率高，糯性好。

【适宜地区】适宜于闽北地区作中、晚稻种植。

【利用价值】可以作为特种稻，糯性好，用来酿酒出酒率高，还可制作糍粑和八宝饭等地方特色小吃。

P350781012 糯稻

【主要特征特性】属常规籼型粘糯稻，叶鞘绿色，颖尖黄色，颖色黄色，种皮白色。全生育期 122 d，株高 140.1 cm，有效穗 10.0，穗长 27.1 cm，穗粒数 178.4，千粒重 24.7 g，谷粒长 9.6 mm，谷粒宽 2.8 mm。

【濒危状况及保护措施建议】在水北镇有零星种植，很难收集到，建议入种质资源库进行异位保存，同时可发展为当地特色深加工产品，促进该资源利用。

（33） P350583006 东联 6 号

【作物类别】水稻

【分类】禾本科稻属亚洲栽培稻种

【学名】*Oryza sativa* L.

【来源地】福建省泉州市南安市码头镇。

【分布范围】于福建省泉州市有零星种植。

【农民认知】该种质资源米质较好，适合作为优质稻加以利用，打造高端米品牌。

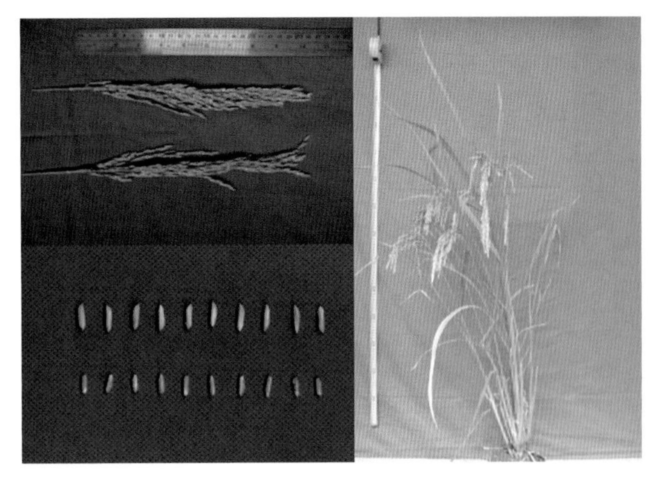
P350583006 东联 6 号

【优良特性】高产、优质、广适、耐涝。糙米率 80.1%，精米率 71.2%，整精米率 63.8%，糙米粒长 6.2 mm，糙米粒宽 1.9 mm，垩白率 24.0%，垩白度 6.5%，透明度 1 级，碱消值 3.2，直链淀粉含量 16.4%，胶稠度 85.0 mm，蛋白质含量 9.0%。稻米品质达部颁三等优质食用稻品种标准。

【适宜地区】适宜于福建省作晚稻种植。

【利用价值】米质较好，可以作为优质稻品种推广。

【主要特征特性】属常规籼型晚稻，株型较散，群体整齐，熟期转色好，着粒密度高。全生育期 124 d，株高 122.3 cm，有效穗 4.8，穗长 27.9 cm，穗粒数 307.4，千粒重 23.3 g，谷粒长 9.9 mm，谷粒宽 2.6 mm。

【濒危状况及保护措施建议】该品种于 2004 年通过福建省品种审定，在泉州市有种植，种植面积不大，建议入种质资源库进行异位保存。同时，可以将该资源向合作社或种粮大户推广，打造区域性高端米品牌。

(34) P350821032 过山香

P350821032 过山香

【作物类别】水稻

【分类】禾本科稻属亚洲栽培稻种

【学名】*Oryza sativa* L.

【来源地】福建省龙岩市长汀县河田镇。

【分布范围】于福建省龙岩市部分地区有零星种植。

【农民认知】有香味，口感好。

【优良特性】该品种粒形细长。

【适宜地区】适宜于闽北、闽西等地区作早稻或烟后稻等种植。

【利用价值】该品种具有香味，米质较好，粒形细长，适合打造高端米品牌。

【主要特征特性】属于常规籼型粘稻，株型紧凑，剑叶直立，粒形细长，粒重适中，分蘖中等，叶鞘绿色，颖尖黄色，颖色黄色，种皮白色。全生育期 125 d，株高 104.2 m，有效穗 9.5，穗长 25.0 cm，穗粒数 186.4，千粒重 25.9 g，谷粒长 10.1 mm，谷粒宽 2.8 mm。

【濒危状况及保护措施建议】该品种在龙岩市部分地区有零星种植，是老的地方品种，在第二次全国作物种质资源普查中已被征集过，建议结合当地实际情况，利用该资源打造高端米品牌，在保护的同时兼顾收益。

第二节　薯类作物优异种质资源

（35） 2018355042 官陂白

【作物类别】甘薯

【分类】旋花科甘薯属

【学名】*Ipomoea batatas*（L.）Lam.

【来源地】福建省漳州市诏安县官陂镇。

【分布范围】于福建省漳州市诏安县零星分布。

【农民认知】高产、抗旱、广适。

【优良特性】干物率高，耐贮藏。

【适宜地区】适宜于诏安、漳浦等地种植。

【利用价值】可作为高干率品种亲本。

【主要特征特性】株型中蔓半直立，单株分枝数8～12条，成叶心形，叶片大小中等，成叶、顶叶绿色，叶主脉、叶侧脉、柄基色、脉基色、叶柄均为紫色，蔓粗中等；单株结薯2～5个，大中薯率85%，薯块下纺锤形，薯皮红色，薯肉白色。干物率36.29%。

【濒危状况及保护措施建议】该资源由于产量不高，仅有少数农民零星种植。建议异位妥善保存，入编国家种质资源库保存。

2018355042 官陂白

（36） P350181024 南普陀

【作物类别】甘薯

【分类】旋花科甘薯属

【学名】*Ipomoea batatas*（L.）Lam.

【来源地】福建省福州市福清市一都镇。

【分布范围】于福建省福州市福清市零星分布。

【农民认知】高产、优质。

【优良特性】食味品质优，干物率中等。

【适宜地区】适宜于福清、长乐等地的沙质土壤种植。

【利用价值】可以作为鲜食型品种亲本。

【主要特征特性】株型中长蔓半直立，单株分枝数8～12条，成叶浅复缺刻，叶片大小中等偏大，成叶、顶叶绿色带紫，叶主脉、叶侧脉、柄基色、脉基色、叶柄、茎均为紫色，蔓粗中等；单株结薯2～5个，大中薯率90.8%，薯块纺锤形，薯皮红色，薯肉黄色。干物率25.99%。

P350181024 南普陀

【濒危状况及保护措施建议】该资源仅在福清有少数农民自留，建议入编国家种质资源库保存，扩大种植。

(37) P350581022 干部薯

【作物类别】甘薯

【分类】旋花科甘薯属

【学名】*Ipomoea batatas*（L.）Lam.

【来源地】福建省泉州市石狮市蚶江镇。

【分布范围】于福建省泉州市沿海一带零星分布。

【农民认知】高产、抗旱、广适。

【优良特性】耐旱，不耐贮藏。

【适宜地区】适宜于石狮、晋江等地种植。

【利用价值】用于抗旱品种的选育。

【主要特征特性】株型中蔓半直立，单株分枝数8～10条，成叶心形，叶片大小中等，成叶、顶叶、叶主脉、叶侧脉、柄基色、脉基色、叶柄、茎均为绿色，蔓粗中等；单株结薯2～5个，大中薯率88%，薯块纺锤形，薯皮红色，薯肉黄色。干物率24.55%。

P350581022 干部薯

【濒危状况及保护措施建议】该资源仅有少数农民自留，建议入编国家种质资源库保存，扩大种植。

(38) P350582008 鹰勾舍

【作物类别】甘薯

P350582008 鹰勾舍

【分类】旋花科甘薯属

【学名】*Ipomoea batatas*（L.）Lam.

【来源地】福建省泉州市晋江市西园街道。

【分布范围】于福建省泉州市晋江市分布。

【农民认知】红皮黄心。

【优良特性】高产、抗旱。

【适宜地区】适宜于福建省种植。

【利用价值】食用。

【主要特征特性】株型中蔓半直立，单株分枝数6～10条，成叶心形，叶片大小中等，成叶、顶叶，叶主脉、叶侧脉、柄基色、脉基色、叶柄、茎均为绿色，蔓粗中等；单株结薯4～8个，大中薯率70%，薯块下纺锤形，薯皮红色，薯肉黄色。干物率25.65%。鹰勾舍的主要性状为红皮黄心，主要用途为食用，优异特性为高产、抗旱、两年三季，适宜种植的土壤类型为黄沙土。

【濒危状况及保护措施建议】该资源仅有少数农民自留，建议入编国家种质资源库保存，扩大种植。

（39） P350581001 七齿仔

P350581001 七齿仔

【作物类别】甘薯

【分类】旋花科甘薯属

【学名】*Ipomoea batatas*（L.）Lam.

【来源地】福建省泉州市石狮市蚶江镇。

【分布范围】于福建省泉州市分布。

【农民认知】红皮黄心。

【优良特性】高产、抗旱、广适、耐贫瘠。

【适宜地区】适宜于福建沿海一带种植。

【利用价值】食用。

【主要特征特性】株型中蔓半直立，单株分枝数6～9条，成叶心带齿形，叶片大小中等，成叶、顶叶、叶主脉、叶侧脉、叶柄、茎均为绿色，柄基色、脉基色为紫色，蔓粗中等；单株结薯3～6个，大中薯率90%，薯块纺锤形，薯皮红色，薯肉黄色。干物率

26.02%。此甘薯的主要性状为红皮黄心，主要用途为食用，优异特性为高产、抗旱、广适、耐贫瘠。亩产量3 000～3 500 kg，适应范围广，主要种植在沙质土壤中。顶叶、叶片均为三裂片。

【濒危状况及保护措施建议】该资源仅有少数农民自留，建议入编国家种质资源库保存，扩大种植。

（40） P350505005 湘薯 75～55

【作物类别】甘薯

【分类】旋花科甘薯属

【学名】*Ipomoea batatas*（L.）Lam.

【来源地】福建省泉州市泉港区界山镇。

【分布范围】于福建省泉州市分布。

【农民认知】黄皮黄心。

【优良特性】优质、高产，干物率较高，抗薯瘟病。

【适宜地区】适宜于湖南、福建沿海地区种植。

【利用价值】食用。

P350505005 湘薯 75～55

【主要特征特性】株型中蔓半直立，单株分枝数6～8条，成叶心带齿形，叶片大小中等，成叶、顶叶、叶主脉、叶侧脉、柄基色、脉基色、叶柄、茎均为绿色，蔓粗中等；单株结薯2～5个，大中薯率80%，薯块纺锤形，薯皮白色，薯肉黄色。干物率29.62%。湘薯的主要性状为黄皮黄心，主要用途为食用，优异特性为出粉率高、耐贮存，生育期比一般品种长。

【濒危状况及保护措施建议】该资源具有干物率较高、抗薯瘟病的特点。建议入编国家种质资源库，扩大种植。

（41） P350521023 泉薯 2 号

【作物类别】甘薯

【分类】旋花科甘薯属

【学名】*Ipomoea batatas*（L.）Lam.

【来源地】福建省泉州市惠安县辋川镇。

【分布范围】于福建省分布。

【农民认知】食味品质好，产量一般。

【优良特性】抗逆性较好，食味品质优。

【适宜地区】适宜于泉州、莆田等沿海地区种植。

【利用价值】开花习性好，可以作为杂交亲本或者砧木。

【主要特征特性】株型中短蔓半直立，单株分枝数 8～12 条，成叶深复缺刻，叶片大小中等偏小，成叶、顶叶绿色，叶缘紫色，叶主脉、叶侧脉、柄基色、脉基色、叶柄、茎均为紫色，蔓粗中等；单株结薯 2～6 个，大中薯率 80%，薯块纺锤形，薯皮白色，薯肉白色。干物率 24%。

P350521023 泉薯 2 号

【濒危状况及保护措施建议】该资源仅有泉州少数农民自留，建议入编国家种质资源库保存。

(42) P350521002 泉薯 5 号

【作物类别】甘薯

【分类】旋花科甘薯属

【学名】*Ipomoea batatas*（L.）Lam.

【来源地】福建省泉州市惠安县涂寨镇。

【分布范围】于福建省分布。

【农民认知】出粉率高，产量高。

【优良特性】干物率高。

【适宜地区】适宜于泉州地区种植。

【利用价值】干物率中等偏上。

【主要特征特性】株型中长蔓半直立，单株分枝数 5～10 条，成叶心形，叶片大小中等，成叶、顶叶、叶主脉、叶侧脉、柄基色、脉基色、叶柄、茎均为绿色，蔓粗中等；单株结薯 2～6 个，大中薯率 80%，薯块短纺锤形，薯皮红色，薯肉白色。干物率 29.27%。

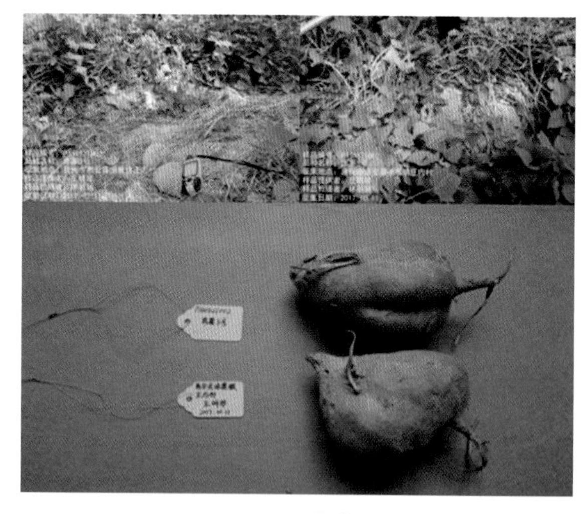

P350521002 泉薯 5 号

【濒危状况及保护措施建议】该资源仅有泉州少数农民自留，建议入编国家种质资源库保存。

(43) P350583034 大叶红

【作物类别】甘薯

【分类】旋花科甘薯属

【学名】*Ipomoea batatas*（L.）Lam.

【来源地】福建省泉州市南安市洪濑镇。

【分布范围】于福建省分布。

【农民认知】食味品质好，产量一般。

【优良特性】抗逆性较好，食味品质优。

【适宜地区】适宜于泉州、莆田等沿海地区种植。

【利用价值】可作为胡萝卜素品种选育的亲本。

【主要特征特性】株型中长蔓半直立，单株分枝数8～12条，成叶心形，叶片偏大，成叶、顶叶、叶主脉、叶侧脉、柄基色、脉基色、叶柄、茎均为绿色，蔓粗中等；单株结薯3～8个，大中薯率85%，薯块纺锤形，薯皮红色，薯肉红色。干物率25%。

【濒危状况及保护措施建议】该资源仅有泉州少数农民自留，现已大部分被普薯32代替，建议入编国家种质资源库保存。

P350583034 大叶红

(44) P350505013 签薯

【作物类别】甘薯

【分类】旋花科甘薯属

【学名】*Ipomoea batatas*（L.）Lam.

【来源地】福建省泉州市泉港区前黄镇。

【分布范围】于福建省各地零星分布。

【农民认知】食味品质好，产量一般。

【优良特性】抗逆性较好，食味品质优。

【适宜地区】适宜于泉州、莆田等沿海地区种植。

【利用价值】食用。

【主要特征特性】株型中短蔓半直立，单株分枝数8～12条，成叶深复缺刻，叶片偏小，成叶、顶叶、叶主脉、叶侧脉、柄基色、脉基色、叶柄、茎均为绿色，蔓粗中等；单株结薯2～6个，大中薯率80%，薯块纺锤形，薯皮红色，薯肉白色。干物率25.29%。

【濒危状况及保护措施建议】该资源仅有泉州少数农民自留，建议入编国家种质资源库保存。

P350505013 签薯

第三节　豆类作物优异种质资源

（45） P350425031 青皮大豆

P350425031 青皮大豆

【作物类别】大豆

【分类】豆科大豆属大豆种

【学名】*Glycine max*（L.）Merr.

【来源地】福建省三明市大田县广平镇。

【分布范围】于福建省三明市分布。

【农民认知】主要用于煲汤、制作豆浆等，营养丰富，富含蛋白质。

【优良特性】优质，广适。

【适宜地区】适宜于福建省种植。

【利用价值】食用籽粒。营养丰富，富含蛋白质。主要用于制作各种豆制品、榨取豆油、酿造酱油、提取蛋白质和异黄酮等。

【主要特征特性】夏秋型迟熟大豆，生育时间为6—11月，亚有限结荚习性，株型收敛；花紫色，茸毛棕色；籽粒种皮青色，子叶黄色，种脐黑色，百粒重32 g左右。

【濒危状况及保护措施建议】本地仅有少量种植，建议入编国家种质资源库保存。

（46） P350425019 黑豆

P350425019 黑豆

【作物类别】大豆

【分类】豆科大豆属大豆种

【学名】*Glycine max*（L.）Merr.

【来源地】福建省三明市大田县奇韬镇。

【分布范围】于福建省三明市分布。

【农民认知】食用籽粒。食用方法多种多样，既可作保健食品，又可作药用材料，具有健脾补肾、利尿消肿、黑发明目、安神强身等功效。

【优良特性】优质，广适。

【适宜地区】适宜于福建省夏秋播种植，应稀植，适宜于旱地、田埂种植。

【利用价值】主要用于制作各种豆制品、榨取豆油、酿造酱油、提取蛋白质和异黄酮等。

【主要特征特性】夏秋型迟熟大豆，生育时间为6—11月，生育期140 d左右。有限结荚习性，株型收敛。花紫色，茸毛棕色。籽粒椭圆形，种皮黑色，子叶黄色，种脐黄色，百粒重31 g左右。

【濒危状况及保护措施建议】无濒危状况，建议常年种植，夏秋季播种，无须种植时则置于−20 ℃冰箱内低温干燥保存。

（47） P350505006 惠豆一号（绿皮绿心豆）

【作物类别】大豆

【分类】豆科大豆属大豆种

【学名】*Glycine max*（L.）Merr.

【来源地】福建省泉州市泉港区南埔镇。

【分布范围】于福建省泉州市分布。

【农民认知】绿心黑豆自然杂交，性状稳定。绿皮、绿心；旱地、水田都可种植，一年种两季，亩产100 kg。

【优良特性】种子为绿皮、绿心。

【适宜地区】适宜于福建省种植。

【利用价值】食用籽粒，主要用于制作各种豆制品、榨取豆油、酿造酱油、提取蛋白质和异黄酮等。

P350505006 惠豆一号（绿皮绿心豆）

【主要特征特性】夏秋型中熟大豆，生育时间为6—11月，有限结荚习性，株型收敛。花紫色，茸毛棕色。籽粒种皮青色，子叶绿色，种脐淡褐色，百粒重14 g左右。

【濒危状况及保护措施建议】无濒危状况，建议常年种植，夏秋季播种，无须种植则置于−20 ℃冰箱内低温干燥保存。

（48） P350425032 青仁乌豆

【作物类别】大豆

【分类】豆科大豆属大豆种

【学名】*Glycine max*（L.）Merr.

【来源地】福建省三明市大田县均溪镇。

【分布范围】于福建省三明市分布。

【农民认知】食用籽粒，本地仅存少量种植。既可作保健食品，又可作药用材料，具有健脾补肾、利尿消肿、黑发明目、安神强身等功效。

【优良特性】优质，广适。

【适宜地区】适宜于福建省种植。

【利用价值】食用籽粒，主要用于制作各种豆制品、榨取豆油、酿造酱油、提取蛋白质和异黄酮等。

【主要特征特性】春型迟熟大豆，生育时间为3—7月，亚有限结荚习性，株型收敛。花白色，茸毛棕色。籽粒种皮黑色，子叶绿色，种脐黄色，百粒重15 g左右。

【濒危状况及保护措施建议】无濒危状况，建议常年种植，春季播种，无须种植时则置于−20 ℃冰箱内低温干燥保存。

P350425032 青仁乌豆

(49) P350521003 青仁乌

【作物类别】大豆

【分类】豆科大豆属大豆种

【学名】*Glycine max*（L.）Merr.

【来源地】福建省泉州市惠安县涂寨镇。

【分布范围】于福建省各地零星分布。

【农民认知】20世纪70年代开始种植青仁乌，其叶片呈卵圆形，中等大小。花为白色，籽粒黑而发亮，豆脐线为白色，内仁碧绿。

【优良特性】广适，耐热。

【适宜地区】适宜于福建省种植。

P350521003 青仁乌

【利用价值】主要用于制作各种豆制品、榨取豆油、酿造酱油、提取蛋白质和异黄酮等。

【主要特征特性】春型迟熟大豆，生育时间为3—7月，有限结荚习性，株型收敛。花紫色，茸毛棕色。籽粒种皮黑色，子叶绿色，种脐黄色，百粒重13 g左右。

【濒危状况及保护措施建议】无濒危状况，建议常年种植，春季播种，无须种植时则置于−20 ℃冰箱内低温干燥保存。

（50） P350481017 蓝心黑豆

P350481017 蓝心黑豆

【作物类别】大豆

【分类】豆科大豆属大豆种

【学名】*Glycine max*（L.）Merr.

【来源地】福建省三明市永安市贡川镇。

【分布范围】于福建省三明市分布。

【农民认知】在永安市贡川镇等乡镇种植。在当地于6月下旬至7月上旬播种，10月份收获，亩产约150 kg。蓝心黑豆有温补功效，是当地妇女坐月子时主要的辅助食材。

【优良特性】优质。

【适宜地区】适宜于福建省种植。

【利用价值】主要用于制作各种豆制品、榨取豆油、酿造酱油、提取蛋白质和异黄酮等。

【主要特征特性】夏秋型迟熟大豆，生育时间为6—11月，亚有限结荚习性，株型收敛。花紫色，茸毛棕色。籽粒种皮黑色，子叶绿色，种脐黄色，百粒重23 g左右。

【濒危状况及保护措施建议】无濒危状况，建议常年种植，夏秋季播种，无须种植时则置于−20 ℃冰箱内低温干燥保存。

（51） P350481008 小陶田埂豆

P350481008 小陶田埂豆

【作物类别】大豆

【分类】豆科大豆属大豆种

【学名】*Glycine max*（L.）Merr.

【来源地】福建省三明市永安市小陶镇。

【分布范围】于福建省三明市分布。

【农民认知】在永安市小陶镇、洪田镇种植。在当地4月上旬播种，5月移植，10月底至11月上旬收获，是当地地方小吃豆腐的主要原料。

【优良特性】高产，优质，具有较浓的豆香味。

【适宜地区】适宜于福建省种植。

【利用价值】主要用于制作各种豆制品、榨取豆油、酿造酱油、提取蛋白质和异黄酮等。

【主要特征特性】夏秋型迟熟大豆，生育时间为6—11月，亚有限结荚习性，株型收敛。花紫色，茸毛棕色。籽粒种皮青色，子叶黄色，种脐黑色，百粒重30 g左右。

【濒危状况及保护措施建议】无濒危状况，建议常年种植，夏秋季播种，无须种植时则置于−20 ℃冰箱内低温干燥保存。

(52) P350425001 四棱豆

【作物类别】四棱豆

【分类】豆科四棱豆属

【学名】*Psophocarpus tetragonolobus* (L.) DC.

【来源地】福建省三明市大田县均溪镇。

【分布范围】于福建省三明市分布。

【农民认知】嫩叶、豆荚可作蔬菜食用，种子亦可食。

【优良特性】广适。

P350425001 四棱豆

【适宜地区】适宜于云南、广西、广东、海南和台湾等地栽种。

【利用价值】为食用、药用价值兼有的稀有蔬菜，已被东南亚和欧美等国高端市场作为稀有保健蔬菜销售。四棱豆的嫩荚和嫩叶可作为蔬菜食用，种子和地下块根可作为粮食食用，茎叶是优良的饲料和绿肥，其最突出的特点是它的种子含蛋白质高达28%～40%，脂肪含量达到15%～18%，还含有丰富的维生素和矿物质，具有一定的药用价值，对冠心病、动脉硬化、脑血管硬化、不孕、习惯性流产、口腔炎症、泌尿系统炎症、眼病等19种疾病有良好疗效。

【主要特征特性】草本植物，豆荚呈带棱的长条方形四面体，棱缘翼状，有疏锯齿，豆荚绿色，荚长10～30 cm，种子卵圆形，豆荚可作蔬菜，种子可食。果期10—11月。

【濒危状况及保护措施建议】仅少数农民零星种植。建议入编国家种质资源库保存，扩大种植。

(53) P350823011 状元豆

【作物类别】利马豆

【分类】豆科菜豆属

【学名】*Phaseolus lunatus* L.

【来源地】福建省龙岩市上杭县蛟洋镇。

【分布范围】于福建省龙岩市分布。

【农民认知】在上杭市种植历史悠久（具体时间不详），豆荚籽粒饱满，籽粒大，产量高，鲜荚亩产 2 000～2 500 kg，平均亩产值达 6 000 元以上。

【优良特性】高产，优质，抗病，抗虫。

【适宜地区】适宜于福建、云南、广西、广东、海南和台湾等地栽培。

【利用价值】可鲜食，或作干燥籽粒保存，用于蒸煮炖汤，在福建莆田及江浙一带深受欢迎。

P350823011 状元豆

【主要特征特性】一年生蔓性豆科植物，主根入土深达 40～80 cm，侧根多，分布在 12～20 cm的土层。植株分枝能力强，蔓长 300～820 cm，三出复叶，小叶深绿色，阔卵圆形，叶渐尖，表面光滑，叶厚中等。总状花序，每花序着生 8～10 朵花，自花授粉，花为白色，果为荚果，嫩荚扁条形，荚面微凸，青荚主色绿，荚壁纤维多，每荚 2～4 粒种子，3 粒居多，荚长 8～13 cm，荚宽 2～3.5 cm，荚厚 0.8～1 cm，鲜单荚重 23～25 g，鲜荚可食率 65%～70%。种子肾形，种皮白色，有浅灰色条纹斑纹，籽粒百粒重 125 g 左右。

【濒危状况及保护措施建议】无濒危情况，可适当扩大种植面积。

(54) P350425029 大刀豆

【作物类别】刀豆

【分类】豆科刀豆属

【学名】*Canavalia gladiata*（jacq.）DC.

【来源地】福建省三明市大田县湖美乡。

【分布范围】于福建省三明市分布。

【农民认知】味甘。

【优良特性】优质，抗病。

【适宜地区】适宜于福建省种植。

【利用价值】刀豆味甘，性平，无毒。秋冬季可采收嫩荚腌制食用，或采收成熟荚果，剥取种子食用。

【主要特征特性】一年生缠绕状草质藤本。茎长可达数米，无毛或稍被毛。三出复叶，叶柄长7～15 cm，荚果线形，扁而略弯

P350425029 大刀豆

曲，长10～35 cm，宽 3～6 cm，先端弯曲或钩状，边缘有隆脊，内含种子 7～14 粒，呈扁卵形或扁肾形，荚长 2～3.5 cm，荚宽 1～2 cm，荚厚 0.5～1.2 cm。表面淡红色至红紫色，微皱缩，略有光泽。

【濒危状况及保护措施建议】无濒危情况，可适当扩大种植面积。

(55) P350583032 宫占赤小豆

【作物类别】木豆

【分类】豆科木豆属

【学名】*Cajanus cajan*

【来源地】福建省泉州市南安市码头镇。

【分布范围】原产于亚洲热带地区，在朝鲜、日本、菲律宾及其他东南亚国家亦有栽培。中国南部有野生或栽培。

【农民认知】质硬，不易破碎，气微，味微甘。

P350583032 宫占赤小豆

【优良特性】高产，优质，抗旱，广适，耐贫瘠，耐寒。

【适宜地区】适宜于中国南部地区种植。

【利用价值】食用。

【主要特征特性】植株为小灌木型；主要用途为食用；优异特性为高产、优质、抗旱、广适、耐贫瘠。树 4～5 年；7 月份开始到年末可收。

【濒危状况及保护措施建议】无濒危情况，可适当扩大种植面积。

(56) P350429011 阳心米豆

【作物类别】赤小豆

【分类】豆科豇豆属

【学名】*Vigna umbellata*

【来源地】福建省三明市泰宁县新桥乡。

【分布范围】主要集中分布于亚洲国家；中国产区主要集中在华北、东北和江淮地区。

【农民认知】质硬，不易破碎，气微，味微甘。

P350429011 阳心米豆

【优良特性】高产，优质。

【适宜地区】适宜于全国各地种植。

【利用价值】当地人都有食用阳心米豆的习惯，多用于煮粥、制作药膳，长期食用有助脾胃祛湿的功效。

【主要特征特性】一年生缠绕草本植物，羽状复叶具3小叶；托叶盾状着生，箭头形，长0.9～1.7 cm；小叶卵形至菱状卵形，长5～10 cm，宽5～8 cm，先端宽三角形，侧生的偏斜，全缘或浅三裂，两面均稍被疏长毛。荚果圆柱状，长10～12 cm，种子暗红色，长圆形，长5～6 mm，宽4～5 mm，两头截平或近浑圆，种脐不凹陷，种脐较长，约为豆粒长度的2/3。

【濒危状况及保护措施建议】无濒危情况，可适当扩大种植面积。

（57） P350429012 扁（药）豆

【作物类别】扁豆

【分类】豆科扁豆属

【学名】*Lablab purpureus*（L.）Sweet

【来源地】福建省三明市泰宁县新桥乡。

【分布范围】原产于印度，现分布在热带、亚热带地区，中国南北方均有种植。

【农民认知】质坚硬，种皮薄而脆，嚼之有豆腥气。

P350429012 扁（药）豆

【优良特性】高产，优质。

【适宜地区】全国大部分地区。

【利用价值】味甘，性平，主要作为药膳食用，有静心、暖胃、祛湿的功效。

【主要特征特性】扁（药）豆。当地特有品种，种植历史悠久。一年生缠绕草本，羽状复叶具3小叶，总状花序直立。荚果长圆状镰形，长5～7 cm，近顶端最阔，宽1.2～1.5 cm，扁平，直或稍向背弯曲，种子3～5颗，扁平，肾形，粉色带白色花纹，种脐短小。

【濒危状况及保护措施建议】无濒危情况，可适当扩大种植面积。

（58） 2018355195 绿豆

【作物类别】绿豆

【分类】豆科豇豆属

【学名】*Vigna radiata*（L.）Wilczek

【来源地】福建省宁德市屏南县甘棠乡。

【分布范围】原产于印度、缅甸等地。现于东亚各国普遍种植，在非洲、欧洲、北美洲也有少量种植。中国南北各地均有栽培。

【农民认知】普遍种植。

【优良特性】适应性强，个头较大。

【适宜地区】世界各热带、亚热带地区广泛栽培。

【利用价值】食用，药用。

【主要特征特性】一年生直立草本，高 30～50 cm。茎被褐色长硬毛。羽状复叶具 3 小叶，具缘毛，披针形；基部三脉明显；叶柄长 5～21 cm；叶轴长 1.5～4 cm；小叶柄长 3～6 mm。花黄色，荚果线状圆柱形，被淡褐色、散生的长硬毛，种子 8～14 颗，淡绿色，短圆柱形。

【濒危状况及保护措施建议】无濒危状况，建议常年种植。夏秋季播种，无须种植时则置于－20 ℃冰箱内低温干燥保存。

2018355195 绿豆

（59） P350602039 绿豆

【作物类别】绿豆

【分类】豆科豇豆属

【学 名】*Vigna radiata*（L.）Wilczek

【来源地】福建省漳州市芗城区浦南镇。

【分布范围】福建省。

【农民认知】普遍种植。

【优良特性】适应性强，个头小。

【适宜地区】适宜于福建省各地区种植。

【利用价值】食用，药用。

【主要特征特性】一年生直立草本，高 30～55 cm。茎被褐色长硬毛。羽状复叶具 3 小叶，具缘毛，披针形；基部三脉明显；花黄色，荚果线状圆

P350602039 绿豆

柱形，被淡褐色、散生的长硬毛，种子 8～10 颗，淡绿色，短圆形。

【濒危状况及保护措施建议】无濒危状况，建议常年种植。夏秋季播种，无须种植时则置于－20 ℃冰箱内低温干燥保存。

(60) P350128063 绿豆

P350128063 绿豆

【作物类别】绿豆

【分类】豆科豇豆属

【学 名】*Vigna radiata* (L.) Wilczek

【来源地】福建省福州市平潭县。

【分布范围】福建省。

【农民认知】普遍种植。

【优良特性】适应性强，个头小。

【适宜地区】适宜于福建省各地区种植。

【利用价值】食用，药用。

【主要特征特性】一年生直立草本，高 30～50 cm。茎被褐色长硬毛。羽状复叶具 3 小叶，具缘毛，披针形；基部三脉明显；花黄色，荚果线状圆柱形，被淡褐色、散生的长硬毛，种子 8～12 颗，淡绿色，短圆形。

【濒危状况及保护措施建议】无濒危状况，建议常年种植。夏秋季播种，无须种植时则置于－20 ℃冰箱内低温干燥保存。

(61) P350481023 绿豆

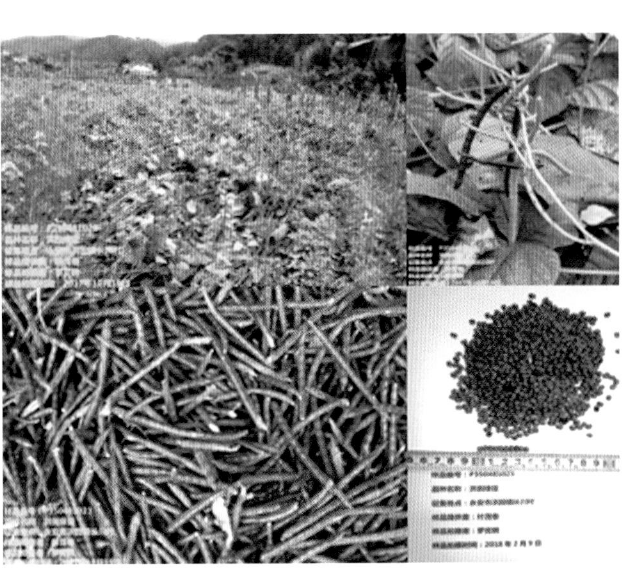

P350481023 绿豆

【作物类别】绿豆

【分类】豆豇豆属

【学 名】*Vigna radiata* (L.) Wilczek

【来源地】福建省三明市永安市洪田镇。

【分布范围】福建省。

【农民认知】普遍种植。

【优良特性】适应性强，个头小。

【适宜地区】适宜于福建省各地区种植。

【利用价值】食用，药用。

【主要特征特性】一年生直立草本，高 30～55 cm。茎被褐色长硬毛。羽状复叶具 3 小叶，具缘毛，披针形；基部三脉明显；花黄色，荚果线状圆柱形，被淡褐色、散生的长硬毛，种子 8～12 颗，淡绿色，短圆形。

【濒危状况及保护措施建议】无濒危状况，建议常年种植。夏秋季播种，无须种植时则置于－20 ℃冰箱内低温干燥保存。

第四节　其他类粮食作物优异种质资源

（62） P350722022 浦薏 6 号

【作物类别】薏米

【分类】禾本科薏苡属

【学名】*Coix chinensis*

【来源地】福建省南平市浦城县官路乡。

【分布范围】分布于亚洲东南部与太平洋岛屿，热带、亚热带地区及非洲、美洲的热湿地带均有种植或逸生。薏苡在全国大部地区均有栽种，主产于广西桂林、贵州黔西及云南、河北、福建等地。

P350722022 浦薏 6 号

【农民认知】种仁较大，糯、甘、稠。

【优良特性】优质，抗旱，广适，株型较紧凑（株高 2 m 左右），品质好，抗性较强，产量较高。

【适宜地区】多生长于湿润的地方，在海拔 200～2 000 m 处常见。

【利用价值】其煮后糯软、黏香、细腻，具有“糯、甘、稠”品质特性，且富含薏苡仁脂、薏苡素、薏苡仁多糖和其他人体所需的多种营养物质，是药食两用食品中的精品，有“生命和健康之禾”的美称，享誉海内外。其营养价值高，蛋白质含量为 144%（是稻米的 2 倍），脂肪含量为 64%，磷含量为 967 mg/kg，锌含量为 251 mg/kg。富含 17 种氨基酸：天冬氨酸 100 g/kg、丝氨酸 76 g/kg、谷氨酸 377 g/kg、甘氨酸 38 g/kg、组氨酸 31 g/kg、精氨酸 61 g/kg、苏氨酸46 g/kg、丙氨酸 160 g/kg、脯氨酸 127 g/kg、胱氨酸 13 g/kg、酪氨酸 34 g/kg、缬氨酸82 g/kg、蛋氨酸 30 g/kg、赖氨酸 26 g/kg、异亮氨酸 61 g/kg、亮氨酸 226 g/kg、苯丙氨酸 83 g/kg。

【主要特征特性】一年生草本植物。植株高大，株高 15～30 cm，茎直立粗壮、须根多、黄白色秆，秆粗 2～3 cm，有 10～20 节，节间中空，基部节上着生不定根。叶互生，呈纵向排列；叶鞘光滑，与叶片间具白薄膜状的叶舌；叶片长披针形，先端渐尖，长 20～40 cm，宽 15～50 cm；叶基部鞘状包茎，中脉明显。花为总状花序，由上部叶鞘内成束腋生，小穗单性；花序上部为雄花穗，每节上有 2～3 个小穗，上有 2 个雄花，雄蕊 3 柱；花序下部为雌花穗，包藏在骨质总苞中，常 2～3 小穗生于一小穗节，雌花穗有 3 个雌小花，其中一花发育，子房有 2 个红色柱头，伸出包鞘之外。果实为颖果，成熟时外面的总苞坚硬，呈椭圆形。种皮红色或淡黄色，种仁卵形，背面为椭圆形，腹面中央有沟。薏苡集粮、药、肥、饲等多用途于一身。其中，浦城薏米是公认的中药上品，特称“浦米仁”，有着 4 000 多年的种植历史，是浦城县传统土特名产。而浦薏 6 号具有多年种植历史，已于 2011 年 3 月通过省农作物品种审定委员会认定。该品种颖壳较薄，种仁较大（粒大色白饱满圆润，腹沟深宽），经过多年种植，表现有株型较紧凑（株高 2 m 左右），品质好，抗性较强，产量较高等特征特性。

【濒危状况及保护措施建议】无濒危状况，保持现状即可。

(63) 2020359082 闽西新桥薏苡

【作物类别】薏苡

【分类】禾本科薏苡属

【学名】*Coix lacryma-jobi* L.

【来源地】福建省三明市泰宁县新桥乡。

【分布范围】于福建省三明市泰宁县零星分布。

【农民认知】抗病，适口性好，可作畜牧饲料利用。

【优良特性】与生产栽培种浦薏 6 号相比，该品种具有生物产量大（鲜草亩产量为 400～5 300 kg，种子亩产量为 170～220 kg），叶茎比高（0.66～0.78），粗蛋白含量高（13.43%）、分蘖能力强、抗病虫害能力强等优点。

【适宜地区】适宜海拔 800 m 以下的温暖湿润地区山地或水田种植。

【利用价值】可作为牧草，可作饲用。

2020359082 闽西新桥薏苡

【主要特征特性】多年生草本，直立型，高 2.5～3.5 m，分蘖丛生，多分枝。须根系，气生根发达。茎粗 1.2～2.5 cm，全株有 9～12 节，节上有分枝，茎秆表皮有白色粉状蜡质。叶互生，长披针形，长 50～70 cm，宽 3～6 cm，先端渐尖，茎部宽心形，鞘状抱茎，中脉粗厚而明显并于叶背突起，两面光滑，边缘粗糙。总状花序，花单性，雌雄同株，顶生或腋生，长 5～8 cm，直立或下垂，有梗，小穗单生。颖果近圆形，长 8～12 mm，宽 6～9 mm，成熟时具光泽，灰黑色，百粒重 17～25 g。全生育期 200～205 d。分蘖能力强，单株分蘖可达 40～50 个，一年可刈割 1～3 次，鲜草产量随刈割次数增加而增加，年亩产鲜草 4 t 以上，干草亩产量 1 t 以上。拔节期刈割鲜草粗蛋白含量达 13.43%，年种子亩产量 170 kg 以上。

【濒危状况及保护措施建议】野生资源，建议在异位妥善保存的同时，结合畜禽养殖，推广种植。

第二章
优异农作物种质资源——蔬菜作物

第一节　山药优异种质资源

（1）2018355184 棒桩薯

【作物类别】 山药

【分类】 薯蓣科薯蓣属

【学名】 *Dioscorea opposita* Thunb.

【来源地】 福建省宁德市屏南县路下乡。

【分布范围】 于福建省宁德市屏南县路下乡零星分布。

【农民认知】 煮熟后味道香美。

【优良特性】 适应性强，耐热耐寒，抗病虫害。

【适宜地区】 适宜于福建省种植。

【利用价值】 棒桩薯营养价值极高，被称为当地的“土人参”，煮熟后味道香美，可作主食或配菜，补血补气，深受当地人的喜爱，被农业农村部列入2019年十大优异农作物种质资源名录。

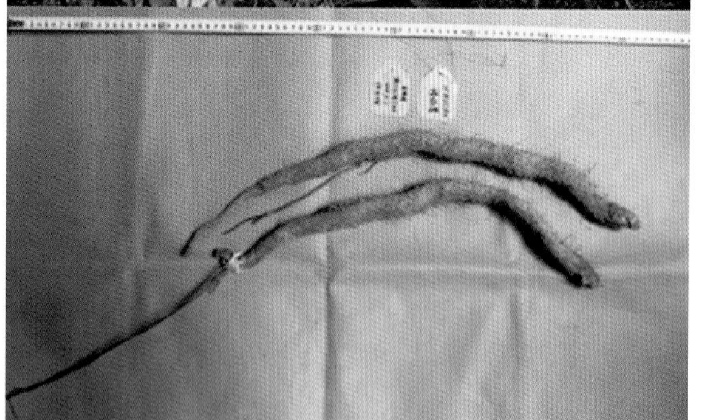

2018355184 棒桩薯

【主要特征特性】 棒桩薯是当地特色山药品种，缠绕草质藤本，全生育期约210 d。主薯长3.5 m，垂直生长。块茎为长条形，块茎长50～80 cm，茎宽3～6 cm。单根鲜重500 g左右，表皮黄棕色，具须根，断面乳白、粉质、黏液多。每年农历四月至农历五月播种，春节前后收获。该品种适应性强，耐热耐寒，抗病虫害，将薯块截成小段后即可播种定植，生存力强。较耐贮运，品质优良，煮熟后肉白粉质带粗纤，味道香美。

【濒危状况及保护措施建议】 该资源由于产量不高，仅少数农民零星种植。建议入编国家种质资源库保存。

(2) 2017354009 糯米薯

【作物类别】山药

【分类】薯蓣科薯蓣属

【学名】*Dioscorea opposita* Thunb.

【来源地】福建省福州市罗源县霍口畲族乡。

【分布范围】于福建省福州市罗源县零星分布。

【农民认知】糯性强，口感松软黏滑，糯而不腻，外形看起来像山药，但比寻常山药大。

【优良特性】较耐贮运，抗病性强，品质优良，口感极佳，切口有黏性，产量较高。

2017354009 糯米薯

【适宜地区】适宜于福建省种植。

【利用价值】糯米薯具有滋补细胞、改善内分泌、补益强壮、增强机体造血功能等作用，可诱生干扰素，改善机体免疫功能，提高抗病能力，对延缓衰老进程有着重要作用。糯米薯富含对人体有益的微量元素，具有养血、补脑、益肾、抗衰老等功能，其中的黏液、多糖等物质能增强骨质，使软骨具有一定的弹性，因而对软骨病有一定的疗效。糯米薯富含维生素、淀粉酶等多种营养物质，可用于鲜食或加工。

【主要特征特性】糯米薯是罗源县霍口畲族乡的传统农作物品种，一直以松软黏滑、糯而不腻的口感，以及丰富的营养价值而深得畲家人喜爱。糯米薯看起来像山药，但比寻常山药大，煮熟后可直接食用，无毒性，吃起来像糯米一样绵软、腻滑，所以被称为糯米薯。糯米薯还富含维生素、淀粉酶等多种营养物质。全生育期约200 d。主薯长3.7 m，块茎形状圆柱形，块茎表皮光滑，呈浅褐色，块茎肉白色，根毛密度少，块茎长65 cm左右，宽7 cm左右，较耐贮运，抗病性强，品质优良，薯味清香，口感极佳，有黏性，产量较高。

【濒危状况及保护措施建议】该资源由于产量不高，仅少数农民零星种植。建议异位妥善保存，入编国家种质资源库保存。

(3) P350428044 鸡母块

【作物类别】山药

【分类】薯蓣科薯蓣属

【学名】*Dioscorea opposita* Thunb.

【来源地】福建省三明市将乐县。

【分布范围】于福建省三明市将乐县漠源乡零星分布。

【农民认知】优质。

P350428044 鸡母块

【优良特性】耐贮运，抗病性强，品质优良，口感较好，产量高，种植效益好。

【适宜地区】适宜于福建省种植。

【利用价值】可用于鲜食或加工。

【主要特征特性】全生育期约210 d，主蔓长3.6 m，块茎形状不规则，块茎表皮色褐色，块茎肉乳白色，根毛密度少，块茎长约53 cm，宽约35 cm，耐贮运，抗病性强，品质优良，口感较好，产量高。

【濒危状况及保护措施建议】该资源产量较高，品质好，但仅少数农民零星种植。建议入编国家种质资源库保存。

(4) P350423019 林畲雪薯

【作物类别】山药

【分类】薯蓣科薯蓣属

【学名】*Dioscorea opposita* Thunb.

【来源地】福建省三明市清流县林畲镇。

【分布范围】福建省三明市。

【农民认知】个体粗大、浑圆、均匀，切口黏液多，味鲜质细，一煮就烂，薯羹黏稠。

【优良特性】高产，优质。

【适宜地区】适宜于福建省种植。

【利用价值】可用于食用或加工。

P350423019 林畲雪薯

【主要特征特性】林畲雪薯皮薄，须根少，质坚实，粉性足，色洁白，切口黏液多，味鲜质细，一煮就烂，薯羹黏稠，食用品质好，商品性好，是国家地理保护产品标志。林畲雪薯曾是加工山药的上等原料，民国初年，江西等地就有药农在此开发，1964年，福建省医药公司将林畲镇作为全省唯一的淮山原料生产基地。林畲雪薯种植历史悠久，具个体粗大、浑圆、均匀等特点，是加工山药的上等原料。

【濒危状况及保护措施建议】该资源在当地大面积推广，较易获得资源。

(5) P350526001 寸金薯

【作物类别】淮山药（淮山）

【分类】薯蓣科薯蓣属

【学名】*Dioscorea opposita* Thunb.

【来源地】福建省泉州市德化县龙浔镇。

【分布范围】福建省泉州市。

【农民认知】蒸煮后口感松嫩，薯味清香。

【优良特性】高产，优质，抗病，抗虫，广适，耐热。

【适宜地区】适宜于福建省种植。

【利用价值】具补脾益胃、补肺益肾功效，有较高的食用与医用价值，以“色味极珍品”（清·乾隆版县志记载）的独特品质享誉闽南。近年来，德化县淮山产业发展较快，淮山已列入国家农产品地理标志保护产品、绿色食品、无公害农产品、福建名牌农产品。

P350526001 寸金薯

【主要特征特性】淮山优质品种寸金薯的块茎富含淀粉、钙、磷、维生素 A 等多种维生素和氨基酸，表皮淡褐色或淡黄色，呈长条圆柱形，龙头乱短，须根较多，肉白色或乳白色，切口有浓稠黏液，温润滋滑，手感极佳，蒸煮后口感松嫩，有较好的粒状感觉，薯味清香，浸脾如品茗，味鲜质嫩。

【濒危状况及保护措施建议】该资源在当地大面积推广，较易获得资源。

（6） 2017354086 本地糯米薯

【作物类别】淮山药（淮山）

【分类】薯蓣科薯蓣属

【学名】*Dioscorea opposita* Thunb.

【来源地】福建省福州市罗源县。

【分布范围】于福建省福州市罗源县白塔乡零星分布。

【农民认知】微甜，味香，糯性强。

【优良特性】较耐贮运，较耐寒、耐旱，不耐涝，抗病虫性强，品质优良，口感极佳，有黏性，产量较高。

【适宜地区】适宜于福建省种植。

【利用价值】本地糯米薯是罗源县霍口畲族乡的传统原始农作物品种，一直以松软黏滑、糯而不腻的口感，以及丰富的营养价值而深得畲家人喜爱。本地糯米薯看起来像山药，但比寻常山药大，煮熟后可

2017354086 本地糯米薯

直接食用，无毒性，吃起来像糯米一样绵软、腻滑，所以被人称为糯米薯。糯米薯还富含维生素、淀粉酶等多种营养物质。糯米薯具有滋补细胞、改善内分泌、补益强壮、增强机体造血功能等作用，可诱生干扰素，改善机体免疫功能，提高抗病能力等，对延缓衰老进程有着重要作用。糯米薯富含对人体有益的微量元素，具有养血、补脑、益肾、抗衰老等功能。糯米薯中的黏液、多糖等物质还能增强骨质，使软骨具有一定的弹性，因而对软骨病有一定的疗效。

【主要特征特性】糯米薯是一年生缠绕藤本植物，茎蔓长达400 cm以上，有波浪形淡绿色的棱翅。茎叶互生或对生无规则，偶有1节出3张叶的，出4张叶的则极少见；叶三角状、广卵形，全缘，基部戟形，老叶深绿，嫩叶浅绿，叶柄长；叶片较其他品种大而稍厚，革质，长15 cm，宽12.5 cm，上部叶腋发生侧枝多，藤蔓向上右旋攀伸。地下茎圆柱形，直生，块茎长30～40 cm，横径6～10 cm，表皮褐色，薯头（顶）部表皮较粗糙，有纵裂纹，并着生较多且较粗壮的不定根。肉白色，液黏而多。糯米薯晚熟，全生育期180～220 d。茎叶生长喜光照，耐高温、干燥气候，耐肥力强，较耐寒，不耐涝，抗病虫性强，但易感炭疽病，种植地块应避免重茬。块茎10 ℃时开始萌动，茎叶生长适温25～28 ℃，块茎适温为地温20～24 ℃，短日照有利于块根的形成。生长健康的藤蔓叶片一生常绿，不论是上部嫩叶或基部老叶，遇霜后才枯死。

【濒危状况及保护措施建议】该资源由于产量不高，仅少数农民零星种植。建议入编国家种质资源库保存。

（7） P350526002 芹峰淮山

【作物类别】淮山药（淮山）

【分类】薯蓣科薯蓣属

【学名】*Dioscorea opposita* Thunb.

【来源地】福建省泉州市德化县。

【分布范围】分布于朝鲜、日本和中国，于福建省德化县大面种种植。

【农民认知】高产，优质，抗病，抗虫，广适，耐热。

【优良特性】较耐贮运，抗病性强，品质优良，口感好，产量较高。

【适宜地区】适宜于福建省种植。

【利用价值】可用于鲜食或加工。

P350526002 芹峰淮山

【主要特征特性】全生育期约210 d。主薯长3.9 m，块茎形状圆柱形，块茎表皮褐色，块茎肉色白色，块茎长70 cm左右，宽4.2 cm左右，亩产2 000 kg左右，较耐贮运，抗病性强，品质优良，薯味清香，蒸煮易熟，口感好。

【濒危状况及保护措施建议】该资源在德化县大面积推广，较易获得资源。

(8) 2017351061 明溪淮山

【作物类别】淮山药（淮山）

【分类】薯蓣科薯蓣属

【学名】*Dioscorea opposita* Thunb.

【来源地】福建省三明市明溪县。

【分布范围】福建省三明市明溪县。

【农民认知】肉色雪白，肉质密实，细腻黏滑。

【优良特性】口感好，品质优，较抗寒，抗旱强。

【适宜地区】适宜于福建省种植。

2017351061 明溪淮山

【利用价值】用于淮山馅饼、淮山酒等深加工产品的研发与推广，可提高淮山声誉，促进淮山产业的发展。2009 年 9 月获得国家绿色食品标志使用权，2010 年 4 月获农业农村部“国家农产品地理标志登记保护产品”。

【主要特征特性】明溪淮山是明溪县主要种植的作物，具有 600 年以上的种植历史，品质优，口感好，深受广大消费者的青睐。该品种肉色雪白，肉质细嫩，滋味鲜美，富含人体必需的 10 多种氨基酸和糖蛋白、甘露聚糖、胆碱，还具有高能量、低脂肪、多纤维的特点，是一种营养较为全面的蔬、粮、药兼用的保健食品，可用于制作各种淮山菜肴，经常食用能补脾养胃，强壮身体，促进人体有效营养吸收。据不完全统计，全县淮山种植面积最高峰达1 000 多hm^2，现稳定在 200～266.7 hm^2，平均亩产 1 500～2 000 kg，最高亩产 3 000 kg。

【濒危状况及保护措施建议】该资源在当地大面积推广，能较易获得资源。

第二节 芋类蔬菜优异种质资源

(9) P350821027 涂坊槟榔芋（地标）

【作物类别】芋

【分类】天南星科芋属

【学名】*Colocasia esculenta*（L.）Schott

【来源地】福建省龙岩市长汀县。

【分布范围】福建省龙岩市长汀县涂坊镇及其周边。

【农民认知】肉质松软绵甜，香味浓郁，食用品质佳。

【优良特性】高产，优质，广适。

【适宜地区】适宜于中国南方如台湾、福建、广东等热带地区以及高温多湿的珠江流域种植。

【利用价值】它富含淀粉、蛋白质、维生素、钙、铁、磷及人体所需的多种氨基酸，是天然营养的绿色食品。它既可作为主食，蒸熟蘸糖食用，又可用来制作菜肴、点心，是人们喜爱的根茎类食品。

【主要特征特性】芋头体大形美。母芋外观呈匀称椭圆形，外皮薄，约1 mm以下，芋长10～30 cm，直径5～20 cm，纵切面长宽比约1.6，加工品质好；子芋外观近似圆锥形，略弯曲。母芋和子芋表皮呈淡黄色至棕色，芋肉为白色，布满点状和带状紫色花纹，质地坚实，耐贮运。

P350821027 涂坊槟榔芋

【濒危状况及保护措施建议】该资源无濒危情况，可适当扩大种植面积。

（10） P350425023 槟榔芋

【作物类别】芋

【分类】天南星科芋属

【学名】*Colocasia esculenta*（L.）Schott

【来源地】福建省三明市大田县谢洋乡。

【分布范围】福建省三明市。

【农民认知】肉质细腻。

【优良特性】高产，优质。

【适宜地区】适宜于中国南方如台湾、福建、广东等热带地区以及高温多湿的珠江流域种植。

【利用价值】淀粉含量高，肉质细腻，具有特殊的风味，是制作饮食点心、佳肴的原料。

P350425023 槟榔芋

【主要特征特性】叶基生，3～6片或更多，叶柄肉质，长20～90 cm，绿色，基部呈鞘状。根茎为主要食用部分，呈卵形，常生多数小球茎，褐色，具纤毛。该芋最显著的特点为根茎个头特别大，单个重量可达6 kg以上。

【濒危状况及保护措施建议】无濒危情况，可适当扩大种植面积。

(11) P350982011 福鼎槟榔芋

【作物类别】 芋

【分类】 天南星科芋属

【学名】 *Colocasia esculenta*（L.）Schott

【来源地】 福建省宁德市福鼎市贯岭镇。

【分布范围】 福建省宁德市福鼎市。

【农民认知】 熟食香、粉、酥。

【优良特性】 高产，优质。

【适宜地区】 适宜于中国南方如台湾、福建、广东等热带地区及高温多湿的珠江流域种植。

P350982011 福鼎槟榔芋

【利用价值】 熟食香、粉、酥，风味独特，以质优、珍贵、稀有而占领国内外市场，并以其特有的外形、品质、口感备受消费者青睐。福鼎槟榔芋先后获福建省人民政府授予的"福建省名牌农产品"称号、国家市场监督管理总局认定颁发的"原产地标记注册证"、农业农村部颁发的"农产品地理标志登记证书"。福鼎槟榔芋获得国家知识产权局颁发的"证明商标"（商标注册证）、"中国驰名商标"福建省市场监督管理局颁布的"福建省著名商标"。

【主要特征特性】 福鼎槟榔芋，原名福鼎芋、福鼎山前芋。据史料记载，福鼎槟榔芋在福鼎市已有 300 年的栽培历史。其植株高大，高产栽培株高 200 cm 左右，开展度 180 cm 左右，最大叶片长 110 cm、宽 90 cm，深绿色，叶背蜡粉较多，叶脉紫红色。叶柄肥厚，长 150～160 cm，基部绿色，上部紫红色。球茎由 1 个母芋和多个子芋、孙芋、曾孙芋组成。母芋形状呈近圆柱形，形似炮弹，长度 30～40 cm，横径 12～15 cm，表皮褐黄色，鳞片深褐色，中间节痕间距较宽，两头节痕间距较密。肉质灰白，带紫红色槟榔花纹。母芋重 1.5～2.5 kg，最重超过 6 kg，子芋 10 多个，一般母芋亩产可达 1 t 以上，占球茎总产的 55%左右。芋根为肉质根，较脆易折断，分布在母芋或子芋下部节上。鲜芋淀粉含量不少于 150 g/kg，蛋白质含量不少于 15 g/kg。

【濒危状况及保护措施建议】 无濒危情况，可适当扩大种植面积。

(12) P350504002 槟榔芋

【作物类别】 芋

【分类】 天南星科芋属

【学名】 *Colocasia esculenta*（L.）Schott

【来源地】 福建省泉州市洛江区河市镇。

【分布范围】福建省泉州市。

【农民认知】肉质松酥，芋香浓馥。

【优良特性】高产，优质。

【适宜地区】适宜于中国南方如台湾、福建、广东等热带地区及高温多湿的珠江流域种植。

【利用价值】肉质松酥，芋香浓馥，风味独特，营养丰富，备受消费者青睐，历年来都被评为市级名优蔬菜。

【主要特征特性】河市镇的槟榔芋俗称“过岭芋”，由于独特的气候、土壤等自然条件以及独特的管理方法，成为芋中佳品。据《泉州府志》记载，河市槟榔芋在明朝就颇负盛名。正宗河市槟榔的芋母芋呈圆柱形，长度 30～40 cm，直径 12～15 cm，肉质松酥，芋香浓馥，风味独特，营养丰富，备受消费者青睐，历年来都被评为市级名优蔬菜。

【濒危状况及保护措施建议】无濒危情况，可适当扩大种植面积。

P350504002 槟榔芋

（13） P350581005 槟榔芋

【作物类别】芋

【分类】天南星科芋属

【学名】*Colocasia esculenta*（L.）Schott

【来源地】福建省泉州市石狮市蚶江镇。

【分布范围】福建省泉州市。

【农民认知】味香，好吃。

【优良特性】高产，耐涝，不易生病。

【适宜地区】适宜于中国南方如台湾、福建、广东等热带地区及高温多湿的珠江流域种植。

【利用价值】食用。

【主要特征特性】主要性状为植株大，主要用途为食用，优异特性为高产、耐涝、不易生病。此品种由龙岩引进，亩产量 3 500～4 000 kg，用于熟食，市场好。

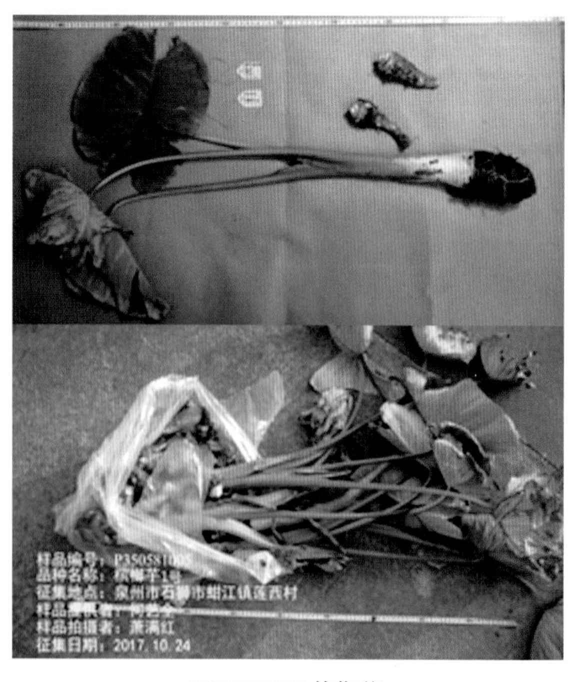

P350581005 槟榔芋

【濒危状况及保护措施建议】无濒危情况，可适当扩大种植面积。

（14） P350822025“六月红”早熟芋

【作物类别】芋

【分类】天南星科芋属

【学名】*Colocasia esculenta*（L.）Schott

【来源地】福建省龙岩市永定区仙师镇。

【分布范围】福建省龙岩市。

【农民认知】白芽，紫红梗。

【优良特性】高产，优质，抗病。

【适宜地区】适宜于中国南方如台湾、福建、广东等热带地区及高温多湿的珠江流域种植。

P350822025“六月红”早熟芋

【利用价值】“六月红”早熟芋独具风味，肉质细嫩、黏滑。“六月红”早熟芋富含维生素E，含量达5.2 mg/kg以上，淀粉含量达65 g/kg以上，蛋白质含量达10 g/kg以上。

【主要特征特性】“六月红”早熟芋多子芋类型，白芽，紫红梗。“六月红”早熟芋的根为弦状白色肉质根，无主侧根之分，根毛少而短，根着生在球茎下部的节位上，属浅根系，大部分根群分布在25 cm的土层内。母芋保留功能根，一般在20～60条，每个子芋根在10～16条之间。“六月红”早熟芋的茎缩短成地下球茎，地上部没有真正的茎，是由叶鞘包被着的假茎。球茎具有独特的近圆形或椭圆形外观，球茎表皮为淡褐色，肉质乳白色。球茎上具有显著的叶痕环，其节上具棕色鳞片和鳞片毛，属于叶鞘的残迹。球茎节上长有腋芽，能形成侧球茎。球茎长出新株后，节上的腋芽可萌发出小芋，称作子芋。如果条件适合，子芋上的腋芽还能形成孙芋、曾孙芋等。“六月红”早熟芋性喜温暖湿润生态环境。“六月红”早熟芋的球茎有向上生长的习性，而根系分布较深，要求在土层深厚、疏松透气、富含有机质、pH为5.5～7.0的肥沃沙壤土或轻壤土。这种土壤环境下生产的子芋外表光滑美观，产量高，商品性好，也较耐贮藏。“六月红”早熟芋是喜肥蔬菜，它的根为肉质须根，根毛很少，吸肥能力较差。

【濒危状况及保护措施建议】无濒危情况，可适当扩大种植面积。

（15） 2017351036 枫溪魔芋

【作物类别】魔芋

【分类】天南星科魔芋属

【学名】*Amorphophallus konjac* K. Koch

【来源地】福建省三明市明溪县枫溪乡。

【分布范围】福建省三明市明溪县。

【农民认知】魔芋味道鲜美，口感宜人，枫溪乡海拔高，平均海拔 606 m，气候条件独特，昼夜温差大，适宜发展魔芋种植。在枫溪乡，居民房前屋后、家庭院落、道路旁边皆有种植魔芋。

【优良特性】抗虫，适应性强。

【适宜地区】适宜于东南山地、云贵高原、四川盆地等热带、亚热带湿润季风气候区域种植。

【利用价值】魔芋地下块茎有微毒，加工成魔芋粉后可供食用，能制作成魔芋豆腐、魔芋挂面、魔芋面包、魔芋肉片、果汁魔芋丝等多种食品。魔芋营养十分丰富，含淀粉 35%、蛋白质 3%及多种维生素和钾、磷、硒等矿物质元素，葡萄甘露聚糖达 45%，具有低热量、低脂肪和高纤维素的特点，经常食用对人体好处很多，具有清洁肠胃、帮助消化、降低胆固醇、预防高血压及糖尿病的功效。

【主要特征特性】地下块茎扁圆形，宛如大个的荸荠，直径可达 25 cm 以上。

【濒危状况及保护措施建议】枫溪乡有种植和食用魔芋的习惯，现已有 60 多年的栽培历史，村民拥有丰富的种植经验，近几年种植规模发展到 20 多 hm^2，成为当地农民增收的又一途径。目前无濒危情况，可适当扩大种植面积。

2017351036 枫溪魔芋

（16） 2017354104 本地魔芋

【作物类别】魔芋

【分类】天南星科魔芋属

【学名】*Amorphophallus konjac* K. Koch

【来源地】福建省福州市罗源县霍口畲族乡。

【分布范围】福建省罗源县。

【农民认知】性寒，味平。

【优良特性】抗虫，低热量，膳食纤维丰富。

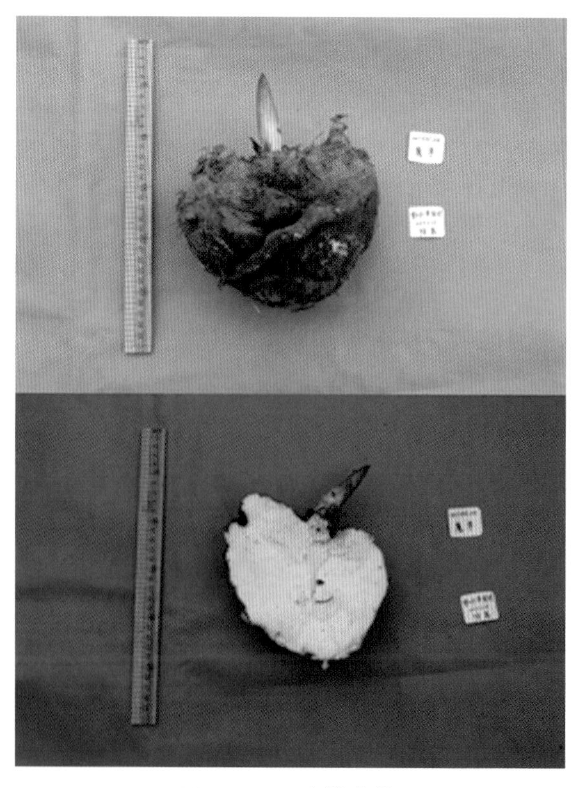

2017354104 本地魔芋

【适宜地区】适宜于东南山地、云贵高原、四川盆周山地等热带、亚热带湿润季风气候区域种植。

【利用价值】本地魔芋是魔芋中一种，有别于市面上的魔芋品种。魔芋地下块茎有微毒，加工成魔芋粉后可供食用，可用于制作成魔芋豆腐、魔芋挂面、魔芋面包、魔芋肉片、果汁魔芋丝等多种食品。食用可润肠通便，排毒洁胃。

【主要特征特性】魔芋属于长根系球茎型植株，其适宜种植的pH为6.5～7.0中性或微碱性的土壤，种植温度最好为20.0～30.0℃，日温低于15.0℃不利于魔芋根系的生长，该种魔芋具抗虫性，在种植中不打药，谷雨种植，农历十月采收。

【濒危状况及保护措施建议】无濒危情况，可适当扩大种植面积。

第三节　瓜类蔬菜优异种质资源

（17） 2017355012 冬瓜

【作物类别】冬瓜

【分类】葫芦科冬瓜属

【学名】*Benincasa hispida*（Thunb.）Cogn.

【来源地】福建省三明市三元区岩前镇。

【分布范围】福建省。

【农民认知】产量一般，口感较好，肉质清甜。

【优良特性】耐贮运，耐热和耐寒性较好。

2017355012 冬瓜

【适宜地区】适宜于福建省种植，可于春秋两季栽培。

【利用价值】果肉除鲜食烹调外，还可加工成各种果汁、果酱。

【主要特征特性】生长势强，瓜皮黄绿色，条长，被有白色粉霜，果肉白色，肉质致密，质脆，易折断。

【濒危状况及保护措施建议】随着我国经济作物规模化和集约化种植模式的推广，农民自己选种、留种的精力和兴趣逐渐消失，散落在民间的农家冬瓜和节瓜品种出现了严重混杂和种性退化现象，甚至某些地方品种种植面积不断萎缩、消失。我国冬瓜育种仍主要集中在农家品种的提纯复壮，缺乏系统深入研究。因此，对冬瓜种质资源的收集、整理、评价及遗传多样性的研究，是我国冬瓜种质资源工作急需开展的重要研究工作。

（18） 2017355018 冬瓜

【作物类别】冬瓜

【分类】葫芦科冬瓜属

【学名】*Benincasa hispida* (Thunb.) Cogn.

【来源地】福建省三明市明溪县城关乡。

【分布范围】福建省。

【农民认知】高产，优质。

【优良特性】疫病、枯萎病发病率低，耐贮。

【适宜地区】适宜于福建省种植，可于春秋两季栽培。

【利用价值】果肉除鲜食烹调外，还可加工成各种果汁、果酱。

2017355018 冬瓜

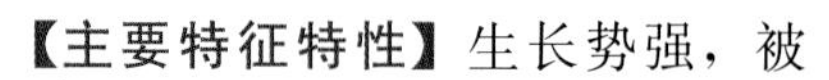

【主要特征特性】生长势强，被有白色粉霜，分枝性中强，第 1 雌花节位 16 节。瓜短圆筒形，浅绿色，被茸毛，大果型，肉质致密。

【濒危状况及保护措施建议】随着我国经济作物规模化和集约化种植模式的推广，农民自己选种、留种的精力和兴趣逐渐消失，散落在民间的农家冬瓜和节瓜品种出现了严重混杂和种性退化现象，甚至某些地方品种的种植面积不断萎缩、消失。我国冬瓜育种仍主要集中在农家品种的提纯复壮，缺乏系统深入研究。因此，对冬瓜种质资源的收集、整理、评价及遗传多样性的研究，是我国冬瓜种质资源工作急需开展的重要研究工作。

(19) P350724001 冬瓜

【作物类别】冬瓜

【分类】葫芦科冬瓜属

【学名】*Benincasa hispida* (Thunb.) Cogn.

【来源地】福建省南平市松溪县。

【分布范围】福建省。

【农民认知】高产，优质，抗病，抗虫，抗旱，广适。

【优良特性】疫病、枯萎病发病率低，耐贮。

【适宜地区】适宜于福建省种植，可于春秋两季栽培。

【利用价值】果肉除鲜食烹调外，还可加工成各种果汁、果酱。

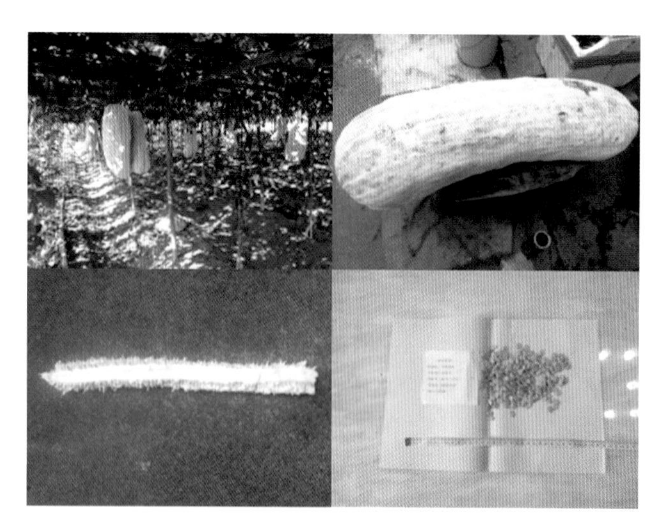

P350724001 冬瓜

【主要特征特性】生长势强，被有白色粉霜，分枝性中强。瓜长圆筒形，浅绿色，深棱沟，大果型，平均瓜长 81.4 cm、横径 18.6 cm，平均单瓜重 14.2 kg。

【濒危状况及保护措施建议】随着我国经济作物规模化和集约化种植模式的推广，农民自己选种、留种的精力和兴趣逐渐消失，散落在民间的农家冬瓜和节瓜品种出现了严重混杂和种性退化现象，甚至某些地方品种的种植面积不断萎缩、消失。我国冬瓜育种仍主要集中在农家品种的提纯复壮，缺乏系统深入研究。因此对冬瓜种质资源的收集、整理、评价及遗传多样性的研究，是我国冬瓜种质资源工作急需开展的重要研究工作。

（20） P350526011 佛手瓜

P350526011 佛手瓜

【作物类别】佛手瓜

【分类】葫芦科佛手瓜属

【学名】*Sechium edule*（Jacq.）Swartz.

【来源地】福建省泉州市德化县赤水镇。

【分布范围】福建省泉州市。

【农民认知】抗病性强，产量高。

【优良特性】高产，优质，抗病，抗虫。

【适宜地区】适宜于华南地区种植。

【利用价值】佛手瓜嫩蔓可作为“龙须菜”开发，果实可作蔬菜食用。

【主要特征特性】分枝性强，主蔓绿色，节长 12.0 cm，叶片长 16.5 cm、宽 23.2 cm，花淡黄色，瓜绿色，瓜肉白绿色，瓜柄绿色，瓜形梨形，茎棱较深，瓜大小 13.3 cm×6.2 cm，单瓜重 219.8 g。

【濒危状况及保护措施建议】无濒危情况，可适当扩大种植面积。在温室 0～30 ℃条件下保存植株。

（21） 2017353012 黄皮佛手瓜

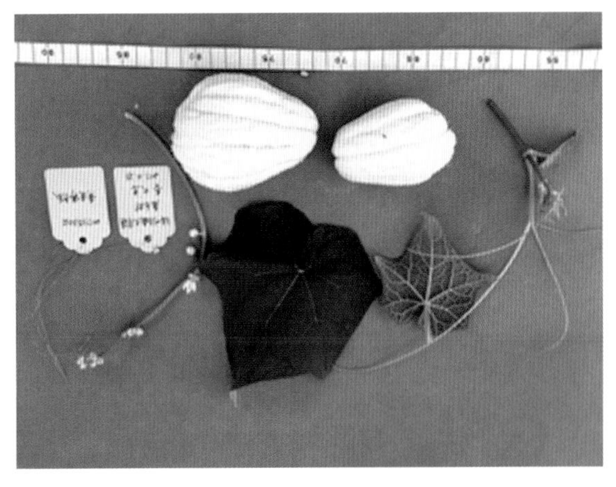
2017353012 黄皮佛手瓜

【作物类别】佛手瓜

【分类】葫芦科佛手瓜属

【学名】*Sechium edule*（Jacq.）Swartz.

【来源地】福建省福州市永泰县大洋镇。

【分布范围】福建省福州市永泰县。

【农民认知】该资源不耐高温，适合于海拔较高的地区种植。

【优良特性】果皮嫩黄色。

【适宜地区】适宜于云南、贵州、福建等南方各省海拔 500～1 000 m 的山区，以及山东、河南、河北及江南部分平原地区种植。

【利用价值】佛手瓜嫩蔓可作为“龙须菜”开发，果实作蔬菜食用。

【主要特征特性】表皮黄色，纵径 8～10 cm，横径 6～7 cm，单瓜重约 250 g。

【濒危状况及保护措施建议】该品种食用、观赏价值较高，可适当扩大栽培面积，并对该品种进行创新利用。在温室低于 35 ℃条件下保存种苗。

（22） P350303023 白皮佛手瓜

【作物类别】佛手瓜

【分类】葫芦科佛手瓜属

【学名】*Sechium edule*（Jacq.）Swartz.

【来源地】福建莆田市涵江区。

【分布范围】福建莆田市涵江区。

【农民认知】瓜肉紧实，口感比绿瓜好。

【优良特性】含钙量比黄瓜、冬瓜高 2 倍以上，含铁量比南瓜、黄瓜高。优质，抗病，抗虫，广适。

【适宜地区】适宜于华南、中西部及东北地区种植。

P350303023 白皮佛手瓜

【利用价值】通过创新利用黄色表皮基因，开展种质资源创新应用。佛手瓜嫩蔓可作为“龙须菜”开发，果实作蔬菜食用。

【主要特征特性】根为弦状根，半木质化。茎有棱沟，无毛。叶互生，叶片与卷须对生。叶片呈掌状五角形，中央一角特别长。叶为绿色至深绿色，全缘。叶面较粗糙，叶背的叶脉上有茸毛。雌雄同株异花，雄花多生于子蔓上，开花早；雌花多生于孙蔓上，开花迟于雄花。雄花 10～30 朵在总花梗的上部成总状花序，每雄花有雄蕊 5 枚，花丝联合。雌花单生，枝头头状，花柱联合，子房下位 1 室、仅具 1 枚下垂胚珠。弯片、花冠 5 片。异花传粉，虫媒花。果实梨形，果色奶油色，有明显的 5 条纵沟。单瓜重 250～500 g。果肉乳白色，一个果实内只具一枚种子，果肉与种皮紧密贴合，不易分离；种子扁平，纺锤形。3 月份开始种植，6 月份开始逐批次收获一直至 12 月，也可以留到第 2 年继续收获。

【濒危状况及保护措施建议】该品种的食用、观赏价值较高，可适当扩大栽培面积，对该品种进行创新利用。无濒危状况，于温室 0～30 ℃条件下保存植株。

（23） P350625007 佛手瓜

【作物类别】佛手瓜

【分类】葫芦科佛手瓜属

【学名】*Sechium edule*（Jacq.）Swartz.

【来源地】福建省漳州市长泰区陈巷镇。

【分布范围】福建省漳州市。

【农民认知】瓜果肉细嫩，微甜，新藤长叶茎可作鲜菜食用，味道鲜美。

【优良特性】分枝能力强，果产量较高。优质，抗病，抗虫，抗旱，耐寒，耐热，耐贫瘠。

【适宜地区】适宜于福建省种植。

【利用价值】果实和嫩梢作鲜菜用。

【主要特征特性】根系发达，有5条棱，茎绿色，分枝能力强，叶片绿色，花五角形，浅黄色，果皮绿色，无刺，单果重300～600 g，坐果期5—12月。

【濒危状况及保护措施建议】无濒危状况，于温室0～30 ℃条件下保存植株。

P350625007 佛手瓜

（24） 2017352077 白沙六棱丝瓜

【作物类别】丝瓜

【分类】葫芦科丝瓜属

【学名】*Luffa cylindrica*（L.）Roem.

【来源地】福建省福州市闽侯县白沙镇。

【分布范围】福建省福州市。

【农民认知】味甘，性凉。

【优良特性】早熟品种，生长势较强，抗病性好，在闽侯县白沙镇一带种植，规模较大，为蔬菜瓜果类优良品种。

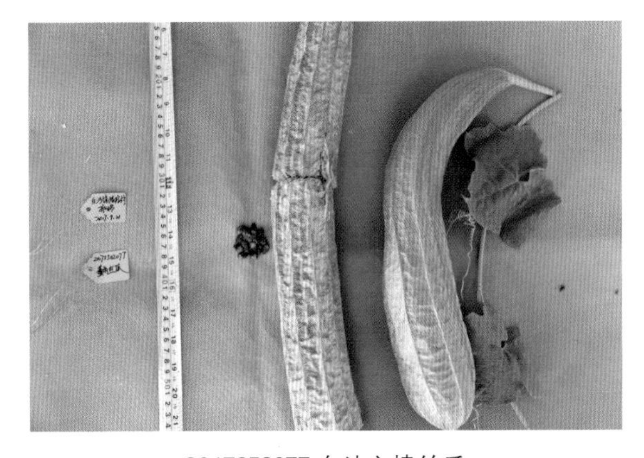

2017352077 白沙六棱丝瓜

【适宜地区】适宜于福建、江西、广东、广西、浙江等省种植。

【利用价值】丝瓜味甘，性凉，入肝，胃经，有清暑凉血、解毒通便、祛风化痰、润肌美容、通经络、行血脉、下乳汁、调理月经不顺等功效，还能用于治疗身热烦渴、痰喘咳嗽、肠风痔漏、崩漏、带下、血淋、疔疮痈肿、妇女乳汁不下等病症。

【主要特征特性】白沙六棱丝瓜主要在闽侯县白沙镇一带种植，规模较大，为蔬菜瓜果类优良品种。葫芦科丝瓜属一年生攀缘草本植物。叶片三角形或近圆形，长10～20 cm、宽10～20 cm，通常掌状5～7裂，裂片三角形，中间的较长，顶端急尖或渐尖，边缘有锯齿，基部深心形，弯缺深2～3 cm，宽2～2.5 cm，叶上面深绿色、粗糙、有疣点，叶下面浅绿色、脉掌状、具白色的短柔毛。花黄色，通常情况下，植株先产生雄花，后每节都产生雄花和雌花。主蔓多在8～10节后出现雌花，出现第1雌花后能连续发生雌花20～30个，但坐瓜率不高。瓜长50～70 cm，长的超90 cm。

【濒危状况及保护措施建议】地方优良品种，提纯复壮后可推广。

（25） 2017352018 洋里六棱丝瓜

【作物类别】丝瓜

【分类】葫芦科丝瓜属

【学名】*Luffa cylindrica*（L.）Roem.

【来源地】福建省福州市闽侯县洋里乡。

【分布范围】福建省福州市。

【农民认知】味甘，性凉。

【优良特性】中熟品种，生长势较强，抗病性好，瓜型好，单瓜重550 g左右。在闽侯县洋里乡一带种植规模较大，为蔬菜瓜果类优良品种。

【适宜地区】适宜于福建、江西、广东、广西、浙江等省种植。

【利用价值】丝瓜味甘、性凉，入肝、胃经，有清暑凉血、解毒通便、祛风化痰、润肌美容、通经络、行血脉、下乳汁、调理月经不顺等功效，还能用于治疗热病身热烦渴、痰喘咳嗽、肠风痔漏、崩漏、带下、血淋、疔疮痈肿、妇女乳汁不下等病症。

2017352018 洋里六棱丝瓜

【主要特征特性】葫芦科丝瓜属一年生攀缘草本植物。叶片三角形或近圆形，长10～20 cm、宽10～20 cm，通常掌状5～7裂，裂片三角形，中间的较长，顶端急尖或渐尖，边缘有锯齿，基部深心形，弯缺深2～3 cm，宽2～2.5 cm，叶上面深绿色、粗糙、有疣点，叶下面浅绿色、脉掌状、具白色的短柔毛。花黄色，通常情况下，植株先产生雄花，后每节都产生雄花和雌花。主蔓多在8～10节后出现雌花，出现第1雌花后能连续发生雌花20～30个，但坐瓜率不高。瓜长50～70 cm，长的超90 cm。

【濒危状况及保护措施建议】地方优良品种，提纯复壮后可推广。

（26） P350425009 八角瓜

【作物类别】丝瓜

【分类】葫芦科丝瓜属

【学名】*Luffa cylindrica*（L.）Roem.

【来源地】福建省三明市泰宁县大田乡。

【分布范围】福建省三明市。

【农民认知】味甘，口感好。

【优良特性】生长势较强，抗病性好，瓜型好，单瓜重 550 g 左右。

【适宜地区】适宜于福建、江西、广东、广西、浙江等省种植。

【利用价值】可凉拌、炒食、烧食、作汤食或榨汁用以食疗。

P350425009 八角瓜

【主要特征特性】葫芦科丝瓜属，一年生攀缘草本植物。生长势较强，主蔓和侧蔓均能坐瓜。叶绿色，叶心脏形，叶片长 20 cm，叶片宽 39 cm，叶柄长 18 cm，第一雌花节位 16，雌花节数 15，瓜纺锤形，瓜长 30 cm，瓜横径 6 cm，近瓜蒂端溜肩形，瓜顶短钝尖形，瓜皮绿色，近瓜蒂端绿色，无瓜斑纹色，瓜面较光亮，瓜浅棱，棱数 10，瓜面平滑，无瓜瘤稀密，无瓜面蜡粉，瓜肉白绿色，瓜肉厚 4 cm，单株瓜数 20，单瓜重 550 g，亩产 4 200 kg，熟性早。

【濒危状况及保护措施建议】地方优良品种，提纯复壮后可推广。

（27） P350181004 福清本地丝瓜

【作物类别】丝瓜

【分类】葫芦科丝瓜属

【学名】*Luffa cylindrica*（L.）Roem.

【来源地】福建省福州市福清市。

【分布范围】福建省福清市。

【农民认知】口感好、嫩，纹粗。

【优良特性】生长势较强，产量高，表皮粗糙，商品性状好，单瓜重 400 g 左右。

【适宜地区】适宜于福建、江西、广东、广西、浙江等省种植。

P350181004 福清本地丝瓜

【利用价值】可凉拌、炒食、烧食、制作汤食或榨汁用以食疗。成熟的丝瓜果实纤维发达，称“丝瓜络”，可入药，有去湿功效，也可作为天然产品代替海绵作洗涤用具，或作造纸与造人造丝的原料。

【主要特征特性】中熟品种，生长势较强，主蔓和侧蔓均能坐瓜。叶绿色，叶形掌状，深裂，叶片长 24 cm，叶片宽 34 cm，叶柄长 17 cm，第一雌花节位 10，雌花节数 20，瓜长圆筒形，瓜长 32 cm，瓜横径 8 cm，近瓜蒂端钝圆形，瓜顶钝圆形，瓜皮绿色，近瓜蒂端绿色，无瓜斑纹色，瓜面较光亮，无瓜棱，瓜面粗糙，瓜瘤密，无瓜面蜡粉，瓜肉白绿色，瓜肉厚 4 cm，单株瓜数 22，单瓜重 400 g，亩产 4 800 kg，熟性中。

【濒危状况及保护措施建议】地方优良品种，可适当推广并增大种植面积。

(28) 2017351034 丝瓜

【作物类别】丝瓜

【分类】葫芦科丝瓜属

【学名】*Luffa cylindrica*（L.）Roem.

【来源地】福建省三明市明溪县。

【分布范围】福建省明溪县。

【农民认知】味甘，口感好，早熟。

【优良特性】极早熟，较耐低温，早春生长良好，单瓜重 450 g 左右。

【适宜地区】适宜于福建、江西、广东、广西、浙江等省种植。

2017351034 丝瓜

【利用价值】可凉拌、炒食、烹饪汤食或榨汁用以食疗。成熟的丝瓜果实纤维发达，称“丝瓜络”，可入药，有去湿功效，也可作为天然产品代替海绵作洗涤用具，或作造纸与人造丝的原料。

【主要特征特性】生长势较强，主蔓和侧蔓均能坐瓜；单瓜重 450 g 左右。叶绿色，叶形掌状，深裂，叶片长 28 cm，叶片宽 38 cm，叶柄长 15 cm，第一雌花节位 18，雌花节数，瓜长棍棒形，瓜长 65 cm，瓜横径 8 cm，近瓜蒂端瓶颈形，瓜顶短钝尖，瓜皮绿色，无瓜斑纹类型，无瓜斑纹色，瓜面较光亮，无瓜棱，瓜面平滑，无瓜瘤，无瓜面蜡粉，瓜肉白绿色，瓜肉厚 3. 5 cm，单株瓜数 25，单瓜重 450 g，亩产 4 000 kg，熟性极早。

【濒危状况及保护措施建议】该品种是早春大棚栽培品种，是地方优良品种，可适当推广并增大种植面积。

(29) P350429019 泰宁本地丝瓜

【作物类别】丝瓜

【分类】葫芦科丝瓜属

【学名】*Luffa cylindrica*（L.）Roem.

【来源地】福建省三明市泰宁县。

【分布范围】福建省三明市泰宁县。

【农民认知】味甘，口感好，早熟。

【优良特性】极早熟，主蔓 7 节左右出第一雌花。平均亩产达 4 000 kg，是当地消费者喜欢的瓜类蔬菜之一。

【适宜地区】适宜于福建、江西、广东、广西、浙江等省种植。

【利用价值】可凉拌、炒食、烧食、制作汤食或榨汁用以食疗。成熟果实纤维发达，称“丝瓜络”，可入药，有去湿功效，也可作为天然产品可代替海绵作洗涤用具，或作造纸与人造丝的原料。

P350429019 泰宁本地丝瓜

【主要特征特性】极早熟品种，生长势较强，主蔓和侧蔓均能坐瓜，掌状，深裂，叶色绿，瓜长棍棒形，果肉绿白色，瓜皮绿色，瓜皮面光滑，单瓜重 430 g 左右。叶绿色，叶形掌状浅裂，叶片长 25 cm，叶片宽 37 cm，叶柄长 19 cm，第一雌花节位 23，雌花节数 19，瓜长棍棒形，瓜长 45 cm，瓜横径 5 cm，近瓜蒂端瓶颈形，瓜顶短钝尖，瓜皮绿色，近瓜蒂端绿色，无瓜斑纹色，瓜面较光亮，无瓜棱，瓜面平滑，瓜瘤稀密无，无瓜面蜡粉，瓜肉白绿色，瓜肉厚 3 cm，单株瓜数 18，单瓜重 430 g，亩产 4 130 kg，熟性极早。

【濒危状况及保护措施建议】该品种是早春大棚栽培品种，也是地方优良品种，可适当推广并增大种植面积。

(30) P350724009 长瓜

【作物类别】丝瓜

【分类】葫芦科丝瓜属

【学名】*Luffa cylindrica*（L.）Roem.

【来源地】福建省南平市松溪县。

【分布范围】福建省松溪县。

【农民认知】味甘，性凉。

【优良特性】中熟品种，生长势较强，高温下长势强，瓜棱较浅，易去皮。

P350724009 长瓜

【适宜地区】适宜于福建、江西、广东、广西、浙江等省种植。

【利用价值】可凉拌、炒食、烧食、烹饪汤食或榨汁用以食疗。

【主要特征特性】中熟品种，生长势较强，主蔓和侧蔓均能坐瓜，单瓜重 500 g 左右。叶绿色，叶形掌状，浅裂，叶片长 15 cm，叶片宽 22 cm，叶柄长 16 cm，第一雌花节位 19，雌花节数 18，瓜镰刀形，瓜长 44 cm，瓜横径 7.5 cm，近瓜蒂端溜肩形，瓜顶短钝尖，瓜皮绿色，近瓜蒂端绿色，无瓜斑纹色，瓜面较光亮，瓜棱浅，棱数 10，瓜面平滑，无瓜瘤稀密，无瓜面蜡粉，瓜肉白绿色，瓜肉厚 5.5 cm，单株瓜数 20，单瓜重500 g，亩产 4 400 kg，熟性中。

【濒危状况及保护措施建议】该品种是早春大棚栽培品种，也是地方优良品种，可适当推广并增大种植面积。

（31） P350481005 飞桥八角瓜

P350481005 飞桥八角瓜

【作物类别】丝瓜

【分类】葫芦科丝瓜属

【学名】*Luffa cylindrica*（L.）Roem.

【来源地】福建省三明市永安市。

【分布范围】福建省三明市永安市。

【农民认知】味甘，性凉。

【优良特性】中熟品种，生长势较强，越夏性好产量稳定。

【适宜地区】适宜于福建、江西、广东、广西、浙江等省种植。

【利用价值】可凉拌、炒食、烹饪汤食或榨汁用以食疗。

【主要特征特性】中熟品种，生长势较强，主蔓和侧蔓均能坐瓜。叶绿色，叶心脏形，叶片长 17 cm，叶片宽 3 cm，叶柄长 18 cm，第一雌花节位 20，雌花节数 18，瓜纺锤形，瓜长 30 cm，瓜横径 10 cm，近瓜蒂端溜肩形，瓜顶短钝尖，瓜皮绿色，近瓜蒂端绿色，无瓜斑纹色，瓜面较光亮，瓜棱浅，棱数 10，瓜面平滑，无瓜瘤稀密，无瓜面蜡粉，瓜肉白绿色，瓜肉厚4 cm，单株瓜数 19，单瓜重 480 g，亩产 4 330 kg，熟性中。

【濒危状况及保护措施建议】该品种是早春大棚栽培品种，也是地方优良品种，可适当推广并增大种植面积。

（32） P350212026 淡溪黑金南瓜

P350212026 淡溪黑金南瓜

【作物类别】南瓜

【分类】葫芦科南瓜属

【学名】*Cucurbita moschata*（Duch. ex

Lam.）Duch. ex Poiret

【来源地】福建省厦门市同安区莲花镇。

【分布范围】福建省厦门市。

【农民认知】细腻甘甜。

【优良特性】高产，优质，抗病，抗虫，抗旱，广适，耐寒，耐贫瘠。

【适宜地区】适宜于中国南方各省种植。

【利用价值】单株产量均达 50 kg 以上，鲜食及加工价值很高。

【主要特征特性】淡溪黑金南瓜，以黑色奇特、高产优质、细腻甘甜著称。单株产量均达 50 kg 以上，鲜食及加工价值很高。瓜果肉密度大，直径 22 cm，高 18 cm，单果重达 4 kg，外观乌金美观。

【濒危状况及保护措施建议】本品种在当地零星栽培，主要用以满足自家消费，虽然品质较好但市场认可度不高，建议加大品种保护力度及推广力度。

（33） P350212035 五叶小南瓜

【作物类别】南瓜

【分类】葫芦科南瓜属

【学名】*Cucurbita moschata*（Duch. ex Lam.）Duch. ex Poiret

【来源地】福建省厦门市同安区汀溪镇。

【分布范围】福建省。

【农民认知】地方优良品种，瓜甜面，适合蒸食或制作地方小吃南瓜糕。

【优良特性】品种早熟，较耐寒，肉质致密，水分少，品质较好，宜熟食。

P350212035 五叶小南瓜

【适宜地区】适宜于中国南方各省种植。

【利用价值】地方优良品种，可扩大周边栽培范围，以满足市场消费需求。

【主要特征特性】早熟品种，生长势强。蔓生，分枝性强，主蔓节数 93，主蔓长 10.2 m，主蔓粗 1 cm，主蔓浅绿色，主蔓刺毛中，主蔓横切面五棱形。叶色淡绿，叶心脏五角形，叶面无白斑，叶缘锯齿，叶裂刻浅，裂片数 5，叶片长 20 cm，叶片宽20 cm，叶柄长 26 cm，叶被刺毛软。首雌花节位 35，花冠橙黄色，花蕾圆锥形，花筒钟形，花瓣先端形状锐角，花萼小、细，有花梗刺毛，无两性花。第一果实节位 35，瓜梗长 7 cm，瓜梗横径 1.3 cm，瓜面多棱，棱沟浅，瓜面蜡粉少，近瓜端瓜面形状平，瓜顶形状凹。商品瓜纵径 15 cm，横径 13.4 cm，瓜脐直径 1.5 cm，肉厚 2.5 cm；老瓜梨形，皮橙黄色，瓜面斑纹网，斑纹浅黄色，肉黄色，单瓜重 1.6 kg，平均亩产 663 kg，可溶性固形物含量 10.1%。单瓜种子数 162，有外种皮，种皮黄白色，有光泽，种缘表面平滑，平直倾斜，种子周缘狭边，颜色浅，种子长 1.2 cm，种子宽 0.7 cm，种子千粒重 70.0 g。

【濒危状况及保护措施建议】本品种在当地零星栽培，主要用于满足自家消费，虽然品质较好但市场认可度不高，建议加大品种保护及推广力度。

(34) P350128080 小秤砣瓜

【作物类别】南瓜

【分类】葫芦科南瓜属

【学名】*Cucurbita moschata*（Duch. ex Lam.）Duch. ex Poiret

【来源地】福建省福州市平潭县。

【分布范围】福建省。

【农民认知】地方优良品种，日常食用蔬菜品种。

【优良特性】瓜肉致密，微甜，品质较佳，可溶性固形物含量15.9%。

【适宜地区】适宜于中国南方各省种植。

【利用价值】口感较好，品质较优，可作为推广的蔬菜品种。

【主要特征特性】蔓生分枝性强，叶心脏五角形，叶色绿，叶片长25.46 cm、宽25.91 cm，叶柄长23.22 cm，主侧蔓均能坐瓜，果长弯圆筒形，果面平滑，蜡粉少，单瓜重1.2 kg，瓜肉致密，微甜，品质较佳，可溶性固形物含量15.9%。

P350128080 小秤砣瓜

【濒危状况及保护措施建议】当地近年引进的南瓜品种种植较多，品种间存在混杂，不利于品种保存，建议做好品种间隔离工作，提纯复壮，加大优良地方品种的保护力度。

(35) P350212004 金鼓南瓜

【作物类别】南瓜

【分类】葫芦科南瓜属

【学名】*Cucurbita moschata*（Duch. ex Lam.）Duch. ex Poiret

【来源地】福建省厦门市同安区莲花镇。

【分布范围】福建省。

【农民认知】早熟，口感脆，清香，风味淡。

【优良特性】早熟品种，生长势强，平均亩产561 kg，瓜肉致密。

【适宜地区】适宜于福建省各蔬菜产区栽培。

【利用价值】当地农户多当蔬菜炒食、煮粥或饲用。

【主要特征特性】蔓生，分枝性强，主蔓节数 75，主蔓长 13 m，主蔓粗 1 cm，主蔓浅绿色，主蔓刺毛中，主蔓横切面五棱形。叶缘锯齿，叶裂刻浅，裂片数 5，叶片长 22 cm，叶片宽 23 cm，叶柄长 21 cm，叶被刺毛软，叶心脏五角形，叶色 137B，叶面白斑中。首雌花节位 25，花冠黄色，花蕾圆锥形，花筒钟形，花瓣先端形状锐角，花萼片小、细，花梗有刺毛，无两性花。第一果实节位 25，瓜梗长 9 cm，瓜梗横径 1.5 cm，商品瓜瓜面特征多棱，棱沟深浅中，瓜面蜡粉少，近瓜端瓜面形状凹，瓜顶形状凹。商品瓜纵径 10 cm，商品瓜横径 23 cm，瓜脐直径 1.5 cm，瓜盘形，商品瓜肉厚 2.4 cm，老瓜皮橙黄色，老瓜瓜面斑纹网，老瓜斑纹浅黄色，老瓜肉橙黄色，老瓜单瓜重 2.505 kg。单瓜种子数 397，有外种皮，种皮黄白色，种皮光泽，种缘表面粗糙，种子周缘狭边，种子周缘颜色浅，种缘圆钝不倾斜，种子长 0.2 cm，种子宽度 0.7 cm，种子千粒重 105.0 g。

P350212004 金鼓南瓜

【濒危状况及保护措施建议】无濒危状况，建议常年种植，夏秋季播种，无须种植时则置于−20 ℃冰箱内低温干燥保存。

(36) 2017355046 南瓜-3

【作物类别】南瓜

【分类】葫芦科南瓜属

【学名】*Cucurbita moschata* (Duch. ex Lam.) Duch. ex Poiret

【来源地】福建省三明市三元区莘口镇。

【分布范围】福建省。

【农民认知】清香，味微甜。

【优良特性】中熟品种，生长势较强，平均亩产 702 kg，瓜肉致密，纤维较多。

【适宜地区】适宜于福建省各蔬菜产区栽培。

2017355046 南瓜-3

【利用价值】当地农户多当蔬菜炒食或蒸食。

【主要特征特性】蔓生，分枝性中，主蔓节数 74，主蔓长 10.13 m，主蔓粗 1.1 cm，主蔓绿色，主蔓刺毛多，横切面五棱形。叶缘锯齿，叶裂刻浅，裂片数 5，叶片长 28 cm，叶片宽

27 cm，叶柄长 21 cm，叶被硬刺毛，叶五角形，叶色 137 A，叶面无白斑。首雌花节位 40，花冠浅黄色，花蕾圆锥形，花筒钟形，花瓣先端形状锐角，花萼大，常呈叶状，花梗无刺毛，无两性花。第一果实节位 40，瓜梗长 5 cm，瓜梗横径 1.1 cm，商品瓜瓜面特征多棱，棱沟深浅中，瓜瘤小而少，瓜面蜡粉少，近瓜端瓜面形状平，瓜顶形状平。商品瓜纵径 15 cm，商品瓜横径 17 cm，瓜脐直径 1.4 cm，瓜皇冠形，商品瓜肉厚 4.6 cm，老瓜皮橙黄色，老瓜瓜面斑纹网，老瓜斑纹浅黄色，老瓜肉浅黄色，老瓜单瓜重 3.2 kg。单瓜种子数 366，有外种皮，种皮黄白色，种皮光泽，种缘表面平滑，种子周缘狭边，种子周缘颜色浅，种缘圆钝不倾斜，种子长 1.3 cm，种子宽 0.7 cm，种子千粒重 79.0 g。

【濒危状况及保护措施建议】无濒危状况，建议常年种植，夏秋季播种，无须种植时则置于−20 ℃冰箱内低温干燥保存。

（37） 2017355114 南瓜-8

【作物类别】南瓜

【分类】葫芦科南瓜属

【学名】*Cucurbita moschata* (Duch. ex Lam.) Duch. ex Poiret

【来源地】福建省三明市三元区岩前镇。

【分布范围】福建省。

【农民认知】口感粉糯、清香，味微甜。

【优良特性】中熟品种，生长势较强，平均亩产 534 kg，瓜肉致密。

【适宜地区】适宜于福建省各蔬菜产区栽培。

2017355114 南瓜-8

【利用价值】当地农户多当蔬菜炒食、蒸食或煮粥食用。

【主要特征特性】半蔓生，分枝性中，主蔓节数 79，主蔓长 7.94 m，主蔓粗 1 cm，主蔓深绿色，刺毛多，主蔓横切面五棱形。叶缘锯齿，叶裂刻浅，裂片数 5，叶片长 21 cm，宽 21 cm，叶柄长 18 cm，叶被刺毛软，叶心脏五角形，叶色 137A，叶面白斑中。首雌花节位 35，花冠黄色，花蕾圆锥形，花筒钟形，花瓣先端形状锐角，花萼小、细，花梗有刺毛，无两性花。第一果实节位 35，瓜梗长 9 cm，瓜梗横径 1 cm，商品瓜瓜面特征多棱，棱沟浅，无瓜瘤，瓜面蜡粉少，近瓜端瓜面形状平，瓜顶形状平。商品瓜纵径 20 cm，商品瓜横径 11 cm，瓜脐直径 1 cm，瓜长筒形，商品瓜肉厚 1.6 cm，老瓜皮橙黄色，老瓜瓜面斑纹块，老瓜斑纹浅黄色，老瓜肉橙黄色，老瓜单瓜重 1.32 kg。单瓜种子数 129，有外种皮，种皮黄白色，种皮光泽，种缘表面平滑，种子周缘狭边，种子周缘颜色浅，种缘圆钝不倾斜，种子长 0.2 cm，种子宽 0.6 cm，种子千粒重 53.0 g。

【濒危状况及保护措施建议】本品种在当地零星栽培，主要满足自家消费，虽然品质较好但市场认可度不高，建议加大品种保护与推广力度。

（38） P350182021 腿脚瓠

【作物类别】瓠瓜

【分类】葫芦科葫芦属

【学名】*Lagenaria siceraria* 'Hispida'.

【来源地】福建省福州市长乐区玉田镇。

【分布范围】福建省。

【农民认知】当地农户主要用于嫁接西瓜。

【优良特性】生长势强，抗西瓜枯萎病，嫁接西瓜后对西瓜品质影响较小，是优良的砧木品种。

【适宜地区】适宜于福州市长乐区、永泰县，南平市建阳区种植。

P350182021 腿脚瓠

【利用价值】可用作西瓜嫁接砧木。

【主要特征特性】中熟品种，生长势较强，主蔓和侧蔓均能坐瓜，瓜牛腿形，单瓜重 3 kg，平均亩产 1 025 kg。第一子蔓结位 2，叶心脏五角形，叶色 137 A，叶片长 20 cm，叶片宽 19 cm，叶柄长 8 cm，无两性花。瓜皮绿白色，瓜面无斑纹，瓜面蜡粉少，瓜面茸毛中，瓜把长 11 cm，瓜长 40 cm，瓜横茎 9 cm，瓜脐直径 0. 8 cm，有瓜蒂端棱沟。瓜蒂端钝圆形，瓜顶凹形，肉厚 1. 5 cm，心室数 6 cm，肉白色，单瓜重 3 kg，单瓜种子数 227，种皮白色，种子千粒重 147. 0 g，熟性中。

【濒危状况及保护措施建议】目前仅在福州市长乐区有零星种植，农户留种后自行销售，用于当地西瓜种植户嫁接西瓜，建议加大品种保护力度，解决品种提纯复壮和留种困难，同时扩大品种应用范围。

（39） P350723016 葫芦

【作物类别】葫芦

【分类】葫芦科葫芦属

【学名】*Lagenaria siceraria*（Molina）Standl.

【来源地】福建省南平市光泽县寨里镇。

【分布范围】福建省。

【农民认知】嫩瓜瓜味清香甘甜。

【优良特性】早熟品种，生长势较强，平均亩产 1 126 kg。

【适宜地区】福建省各蔬菜产区均可栽培。

【利用价值】嫩瓜瓜味清香甘甜，深受当地农户喜爱；当地农户常用其烹饪菜肴。

【主要特征特性】第一子蔓结位2，叶近圆形，叶色137C，叶片长33 cm，叶片宽28 cm，叶柄长11 cm，无两性花，结瓜习性子蔓。瓜梨形，皮绿白色，无瓜面斑纹，瓜面蜡粉中，瓜面茸毛稀，瓜把长9 cm，瓜长26 cm，瓜横茎19 cm，瓜脐直径0.8 cm，有瓜蒂端棱沟。瓜蒂端钝圆形，瓜顶凹形，肉厚2 cm，心室数6 cm，肉白色，单瓜重1.8 kg，单瓜种子数290，种皮白色，种子千粒重114.0 g，熟性早。

P350723016 葫芦

【濒危状况及保护措施建议】无濒危状况，建议常年种植，夏秋季播种，无须种植时则置于−20 ℃冰箱内低温干燥保存。

(40) P350724008 葫芦

【作物类别】葫芦

【分类】葫芦科葫芦属

【学名】*Lagenaria siceraria* (Molina) Standl.

【来源地】福建省南平市松溪县松源街道。

【分布范围】福建省。

【农民认知】嫩瓜味淡。

【优良特性】早熟品种，生长势较强，平均亩产1 080 kg。

【适宜地区】福建省各蔬菜产区均可栽培。

【利用价值】当地农户用以烹饪菜肴。

【主要特征特性】第一子蔓结位4，叶心脏五角形，叶色137C，叶片长26 cm，叶片宽24 cm，叶柄长16 cm，无两性花，结瓜习性子蔓。瓜梨形，皮浅绿色，瓜面有斑纹，斑纹绿色，瓜面蜡粉少，无瓜面茸毛，瓜把长5 cm，瓜长25 cm，瓜横茎20 cm，瓜脐直径1.2 cm，有瓜蒂端棱沟。瓜蒂端溜肩形，瓜顶凹形，肉厚3 cm，心室数6 cm，肉白色，单瓜重4.4 kg，单瓜种子数285，种皮白色，种子千粒重57.0 g，熟性早。

P350724008 葫芦

【濒危状况及保护措施建议】无濒危状况，建议常年种植，夏秋季播种，无须种植时则置于－20 ℃冰箱内低温干燥保存。

（41） P350124003 白瓠子

【作物类别】瓠瓜

【分类】葫芦科葫芦属

【学名】*Lagenaria siceraria* 'Hispida'

【来源地】福建省福州市闽清县梅溪镇。

【分布范围】福建省。

【农民认知】嫩瓜肉厚，瓜味清甜。

【优良特性】早熟品种，生长势中等，平均亩产 1 175 kg。

【适宜地区】福建省各蔬菜产区均可栽培。

P350124003 白瓠子

【利用价值】当地农户多当蔬菜烹饪。

【主要特征特性】第一子蔓结位 3，叶近三角形，叶色 143 A，叶片长 24.5 cm，叶片宽 27 cm，叶柄长 15.5 cm，无两性花，结瓜习性子蔓。瓜近圆形，皮绿白色，瓜面有斑纹，斑纹浅绿色，瓜面蜡粉少，无瓜面茸毛，瓜长 15 cm，瓜横径 17 cm，瓜脐直径 1.8 cm，无瓜蒂端棱沟。瓜蒂端阔圆形，瓜顶平形，肉厚 3.5 cm，心室数 6 cm，肉白色，单瓜重 1.85 kg，单瓜种子数 233，种皮棕色，种子千粒重 72.0 g，熟性早。

【濒危状况及保护措施建议】无濒危状况，建议常年种植，夏秋季播种，无须种植时则置于－20 ℃冰箱内低温干燥保存。

（42） 2017352094 芋葫

【作物类别】葫芦

【分类】葫芦科葫芦属

【学名】*Lagenaria siceraria* (Molina) Standl.

【来源地】福建省福州市闽侯县鸿尾乡。

【分布范围】福建省。

2017352094 芋葫

【农民认知】优良地方品种，春秋两季露地保护地均可栽培，市场认可度较高。

【优良特性】早熟，采收期长，耐寒，肉致密而软，味微甜，品质佳。

【适宜地区】福建省各蔬菜产区均可栽培。

【利用价值】芋葫是福州市种植历史悠久的优良地方品种，全省各地均有引进栽培。

【主要特征特性】生长势较强，叶心脏形，叶色绿，子蔓坐瓜，果实长圆筒，单瓜重0.7 kg左右，瓜长25～30 cm，商品瓜瓜皮浅绿色，瓜面蜡粉少、茸毛稀，果肉白色，品质较优良。平均亩产1 500 kg。

【濒危状况及保护措施建议】芋葫是福州市种植历史悠久的优良地方品种，分布在福州闽侯等地，随后被引种到全省各地，经多年多代留种，种性变化较大，果型、果长、果粗均发生较大变化，同时品种抗病性也有所降低。建议加大品种保护力度，进一步提纯复壮品种资源。

（43） P350721014 梢瓜

【作物类别】菜瓜

【分类】葫芦科黄瓜属

【学名】*Cucumis melo* var. *flexuosus*（L.）Naud.

【来源地】福建省南平市顺昌县元坑镇。

【分布范围】福建省南平市。

【农民认知】瓜较大。

【优良特性】高产。

【适宜地区】主要分布于中国、日本及东南亚，我国南北方普遍栽培。

P350721014 梢瓜

【利用价值】传统上用于加工酱菜。

【主要特征特性】梢瓜种植历史久远，现已稀少。其瓜形较大，产量高，传统上用于加工酱菜。

【濒危状况及保护措施建议】现濒临灭绝，建议加大保护和繁育力度。建议常年种植，夏秋季播种，无须种植时则置于－20 ℃冰箱内低温干燥保存。

（44） 2018351147 野苦瓜

【作物类别】苦瓜

【分类】葫芦科苦瓜属

【学名】*Momordica charantia* L.

【来源地】福建省漳州市南靖县。

【分布范围】福建漳州市。

【农民认知】较苦，作为特色蔬菜食用。

【优良特性】瓜小，抗白粉病。

【适宜地区】适宜于福建省种植。

【利用价值】每 100 g 鲜果含维生素 C 103 mg、皂苷 4.5%，可作为苦瓜优良亲本。

【主要特征特性】须根，茎浅绿色，叶片长 7.5 cm，叶片宽 11.2 cm，花瓣 5 瓣，果绿色，种子褐色。

【濒危状况及保护措施建议】分布广泛，保持现状即可。

2018351147 野苦瓜

(45) 2018355130 白苦瓜

【作物类别】苦瓜

【分类】葫芦科苦瓜属

【学名】*Momordica charantia* L.

【来源地】福建省宁德市屏南县代溪镇。

【分布范围】于福建省宁德市零星种植。

【农民认知】瓜为白色，商品性好，夏季食用有清热降火功效。

【优良特性】肉质脆嫩，苦味中等，品质俱佳，抗病性、抗虫性都比较强。

【适宜地区】适宜于福建、江西、浙江、湖南、广西、广东等地种植。

【利用价值】可用于鲜食、炒食或者煲汤。

2018355130 白苦瓜

【主要特征特性】植株早熟，生长势较强，主蔓第一雌花着生于第 12 至 13 节，商品瓜呈圆锥形，从开花到商品瓜成熟 14～16 d，瓜长 20～21 cm，横径 8～8.5 cm，肉厚 1.1～1.3 cm。瓜皮为浅绿色或白色，短纵条间圆瘤，单瓜重 350～400 g。3 月上旬播种，5 月中旬始收，一般商品瓜每亩产量为 1 500～2 000 kg。

【濒危状况及保护措施建议】无濒危状况，可适当扩大种植面积。

(46) P350723009 苦瓜

【作物类别】苦瓜

【分类】葫芦科苦瓜属

【学名】*Momordica charantia* L.

【来源地】福建省南平市光泽县寨里镇桥湾村。

【分布范围】于福建省南平市光泽县零星种植。

【农民认知】果味苦。

【优良特性】肉质脆嫩，苦味中等，品质俱佳。

【适宜地区】适宜于福建、江西、浙江、湖南、广西、广东等地种植。

【利用价值】可用于鲜食。

P350723009 苦瓜

【主要特征特性】植株早熟，生长势较强，主蔓第一雌花着生于第 6 至 7 节，商品瓜呈圆锥形，从开花到商品瓜成熟 14～16 d，瓜长 31～33 cm，横径 6.5～7 cm，肉厚 1.0～1.2 cm。瓜皮为白色，纵条间圆瘤，单瓜重 300～400 g。3 月上旬播种，5 月中旬始收，一般商品瓜每亩产量为 1 500 kg 左右。

【濒危状况及保护措施建议】分布广泛，保持现状即可。

第四节　叶类蔬菜优异种质资源

（47） P350582001 胶白菜

【作物类别】芥菜

【分类】十字花科芸薹属

【学名】*Brassica juncea*（L.）Czern. et Coss.

【来源地】福建省泉州市晋江市西园街道。

【分布范围】福建省泉州市。

【农民认知】植株较小。

【优良特性】喜冷凉湿润环境。

P350582001 胶白菜

【适宜地区】中国各地广泛栽培；主产区为山东半岛。

【利用价值】可食用。

【主要特征特性】主要性状是种子为黑棕色，植株较小；主要用途为食用；优异特性为喜冷凉湿润环境。

【濒危状况及保护措施建议】本品种在当地有零星栽培，主要用于满足自家消费，虽然品质较好但市场认可度不高，建议加大品种保护和推广力度。

(48) P350721020 牛腿芥菜

P350721020 牛腿芥菜

【作物类别】芥菜

【分类】十字花科芸薹属

【学名】*Brassica juncea* (L.) Czern. et Coss.

【来源地】福建省南平市顺昌县洋口镇。

【分布范围】亚热带气候区。

【农民认知】蚜虫少，无白粉病。

【优良特性】高产，优质，广适。

【适宜地区】适宜于福建省种植。

【利用价值】食用。

【主要特征特性】子叶长 1 cm、宽 1.5 cm，子叶凹槽深 0.2 cm，肉（瘤）茎形状短纺锤，肉（瘤）茎纵径 8.5 cm，肉（瘤）茎横径 5.7 cm，肉（瘤）茎皮色白绿色，叶长倒卵形，叶顶端形状圆，叶缘齿状波状，小裂片对数 8 对，叶长 81.5 cm、宽 36 cm，叶柄绿色，叶柄横切面中圆形，叶柄长 3.8 cm、宽 5 cm，叶柄厚 1.3 cm。单株重量 2 447.7 g，茎重 174.8 g。

【濒危状况及保护措施建议】本品种在当地零星栽培，主要满足自家消费，虽然品质较好但市场认可度不高，建议加大品种保护推广力度。

(49) P350802019 牛尾芥菜

P350802019 牛尾芥菜

【作物类别】芥菜

【分类】十字花科芸薹属

【学名】*Brassica juncea* (L.) Czern. et Coss.

【来源地】福建省龙岩市新罗区龙门街道。

【分布范围】亚热带气候区。

【农民认知】产量高，蚜虫少，无白粉病。

【优良特性】高产，优质，抗病，广适。

【适宜地区】适宜于全国种植。

【利用价值】植株抗性好，产量高。

【主要特征特性】子叶长 1.3 cm、宽 1.35 cm，子叶凹槽深 0.4 cm，株高 50 cm，株幅 130 cm，肉（瘤）茎形状长圆柱，肉（瘤）茎纵径 43.5 cm，肉（瘤）茎横径 8.7 cm，肉

（瘤）茎皮色浅色，卵圆叶形，叶顶端形状尖，叶缘齿状、浅锯齿状，小裂片对数 20 对，叶长 102.5 cm、宽 52 cm，叶柄浅绿色，叶柄横切面扁圆形，叶柄长 5 cm、宽 7 cm，叶柄厚 1.6 cm。单株重 4 894.1 g，茎重 1 494.7 g。

【濒危状况及保护措施建议】该资源分布广泛，保持现状即可。

（50） P350823007 芥菜

【作物类别】芥菜

【分类】十字花科芸薹属

【学名】*Brassica juncea*（L.）Czern. et Coss.

【来源地】福建省龙岩市上杭县下都镇。

【分布范围】亚热带气候区。

【农民认知】无白粉病。

【优良特性】优质，抗旱，耐寒，耐贫瘠。

【适宜地区】亚热带地区。

【利用价值】加工成菜干品质好，是当地的名特产。

P350823007 芥菜

【主要特征特性】子叶长 1 cm、宽 1.1 cm，子叶凹槽深 0.2 cm，株高 90 cm，株幅 88 cm，肉（瘤）茎形状短纺锤，肉（瘤）茎纵径 22 cm，肉（瘤）茎横径 8.8 cm，肉（瘤）茎皮色绿色，叶卵形，叶顶端形状尖，叶缘齿状浅锯齿，小裂片对数 11 对，叶长 75 cm、宽 29 cm，叶柄绿色，叶柄横切面形状中圆，叶柄长 5 cm、宽 4.6 cm，叶柄厚 1.8 cm。单株重量 2 424.4 g，茎重 998.7 g。

【濒危状况及保护措施建议】该资源分布广泛，保持现状即可。

（51） P350602004 地产 2 号芥菜

【作物类别】芥菜

【分类】十字花科芸薹属

【学名】*Brassica juncea*（L.）Czern. et Coss.

【来源地】福建省漳州市芗城区西桥街道。

【分布范围】亚热带气候区。

【农民认知】无白粉病。

【优良特性】高产，优质，抗病，广适。

P350602004 地产 2 号芥菜

【适宜地区】适宜于亚热带地区种植。

【利用价值】可用作抗性育种研究的材料。

【主要特征特性】子叶长 0.9 cm、宽 1.5 cm，子叶凹槽深 0.2 cm，株高 73 cm，株幅 90 cm，肉（瘤）茎形状短纺锤，肉（瘤）茎纵径 30 cm，肉（瘤）茎横径 5.45 cm，肉（瘤）茎皮白绿色，叶长倒卵形，叶顶端形状阔圆，叶缘齿波状，小裂片对数 7，叶长 85 cm、宽 34 cm，叶柄色浅绿，叶柄横切面扁圆，叶柄长 7 cm、宽 4 cm，叶柄厚 1.1 cm。单株重量 3 522.5 g，茎重 406.3 g。

【濒危状况及保护措施建议】该资源分布广泛，保持现状即可。

(52) P350602008 芥菜

【作物类别】芥菜

【分类】十字花科芸薹属

【学名】*Brassica juncea*（L.）Czern. et Coss.

【来源地】福建省漳州市芗城区西桥街道。

【分布范围】亚热带气候区。

【农民认知】白粉病较轻。

【优良特性】高产，优质，抗病，广适。

【适宜地区】适宜于亚热带地区种植。

【利用价值】抗性育种。

P350602008 芥菜

【主要特征特性】子叶长 0.9 cm、宽 1 cm，子叶凹槽深 0.1 cm，株高 70 cm，株幅 100 cm，茎上无明显凸起，叶卵圆形，叶顶端形状钝圆，叶缘齿状浅锯齿，小裂片对数 15，叶长 90 cm、宽 38 cm，叶柄色浅绿，叶柄横切面扁圆，叶柄长 5 cm、宽 4.5 cm，叶柄厚 1.3 cm。单株重量 2 483.89 g，茎重 945 g。

【濒危状况及保护措施建议】建议扩大地区试种，保护资源多样性。

(53) 2019351394 芦溪芥菜

【作物类别】芥菜

【分类】十字花科芸薹属

【学名】*Brassica juncea*（L.）Czern. et Coss.

【来源地】福建省漳州市平和县芦溪镇。

【分布范围】主要分布于平和县芦溪镇。

【农民认知】产量高，质地柔软，有增进食欲的作用。

2019351394 芦溪芥菜

【优良特性】香味浓郁，既可清蒸、干炒，又可泡汤，食之味道鲜美可口，有增食欲、助消化、减肥之功效。

【适宜地区】适宜于闽南地区种植。

【利用价值】能以煎炒、蒸或炖等方式加以利用，做成的大肠咸菜、芦溪菜饭等极具地方特色菜肴享誉在外。芦溪咸菜是平和传统名菜，香味浓郁，既可清蒸、干炒，亦可泡汤，味道鲜美可口，有增食欲、助消化、减肥之功效。芦溪镇利用冬闲田在全镇范围内推广冬种芥菜 10 000 余亩。芥菜它成为芦溪镇农业增产增收的一个亮点，在精准扶贫和乡村产业振兴中发挥了重要的作用。

【主要特征特性】此芥菜茎长、叶大、质地柔软。芥菜主要适合冬种，生长需要 2 个月左右的时长。亩种 3 000 株左右，亩产量可超 5 000 kg，其栽培主要施用有机肥，管理过程中需要足够水分，肥水合理就可保证芥菜的丰产与稳产。

【濒危状况及保护措施建议】建议申请地理标志登记。

（54） P350722004 大叶菠菜

P350722004 大叶菠菜

【作物类别】菠菜

【分类】藜科菠菜属

【学名】*Spinacia oleracea* L.

【来源地】福建省南平市浦城县莲塘镇。

【分布范围】分布于福建省南平市浦城县莲塘镇、万安乡等地。

【农民认知】清甜，口感品质好，产量高。

【优良特性】优质，抗病，抗性好，适应性广，产量高。

【适宜地区】适宜于南平地区种植。

【利用价值】由于品相好，烹饪时口感嫩、脆、绿、甜，味道清香，营养丰富，深受福州和南平地区菜农的喜欢。

【主要特征特性】浦城“大叶菠菜”在福建享有盛名，其主要在浦城县莲塘镇、万安乡等地去雄除杂提纯扩繁传统种植，栽培历史悠久。它由当地一菠菜的土种经多年去杂保纯单株筛选逐步演化而成。该品种株型直立舒展，个大，茎秆粗壮；叶片平展、大、肥厚且呈墨绿色，外叶椭圆；抗性好，适应性广，产量高；其籽粒饱满，带三角刺（有效角）呈黑褐色。

【濒危状况及保护措施建议】分布广泛，保持现状即可。

（55） P350721013 元坑水蕹

P350721013 元坑水蕹

【作物类别】蕹菜

【分类】旋花科甘薯属

【学名】*Ipomoea aquatica* Forsk.

【来源地】福建省南平市顺昌县元坑镇。

【分布范围】福建省南平市。

【农民认知】地方特色品种，产量高，胶质丰富，口感滑嫩。受地域限制，在其他地方种植时该品种品质下降明显。

【优良特性】高产，优质，广适，耐涝。

【适宜地区】适宜于福建、江西、广西、浙江种植。该资源为短日照植物，宜生长于气候温暖湿润、土壤肥沃多湿的地方；不耐寒，遇霜冻时茎、叶枯死。

【利用价值】可作为蔬菜食用，也可作为饲料使用。

【主要特征特性】茎蔓生，圆形而中空、柔软、绿色，茎有节，每节除有腋芽外，还能长出不定根。叶互生，全缘，急尖；叶脉网状，中脉明显突起，叶心形，茎叶繁茂，叶大而肥厚，叶宽 8～10 cm、长 13～17 cm，有较长的叶柄，叶柄中空呈凹形，叶柄长 12～15 cm。喜高温潮湿，耐肥，不耐寒。一般在 3 月至 8 月上旬播种，4 月下旬至 10 月上市。

【濒危状况及保护措施建议】分布广泛，可适当扩大种植面积。

（56） 2018351319 冬寒菜

2018351319 冬寒菜

【作物类别】冬葵

【分类】锦葵科锦葵属

【学名】*Malva verticillata* L.

【来源地】福建省漳州市平和县。

【分布范围】福建省漳州市平和县。

【农民认知】喜冷凉湿润气候，不耐高温和严寒。

【优良特性】生长旺盛，分枝多，产量

高，耐寒耐热，产量高。

【适宜地区】适宜于福建省种植。

【利用价值】含钙量高，每 100 g 鲜菜含钙超 300 mg；种子具药用价值，具有利水、下乳之效。

【主要特征特性】根系发达，茎直立，分枝多。叶互生，圆形，叶缘波状。茎叶被白色茸毛。花簇生于叶腋，形小，呈淡红色或紫白色。

【濒危状况及保护措施建议】本品种在当地零星栽培，主要用以满足自家消费，虽然品质较好但市场认可度不高，建议加大品种保护及推广力度。

（57） 2018355031 锦绣苋

【作物类别】锦绣苋

【分类】苋科莲子草属

【学名】*Alternanthera bettzickiana*（Regel）Nichols.

【来源地】福建省漳州市诏安县。

【分布范围】全国各地。

【农民认知】喜光，略耐阴。

【优良特性】适应性强，耐热耐寒。

【适宜地区】全国各地。

【利用价值】有清热解毒、凉血止血、清积逐瘀的功效。

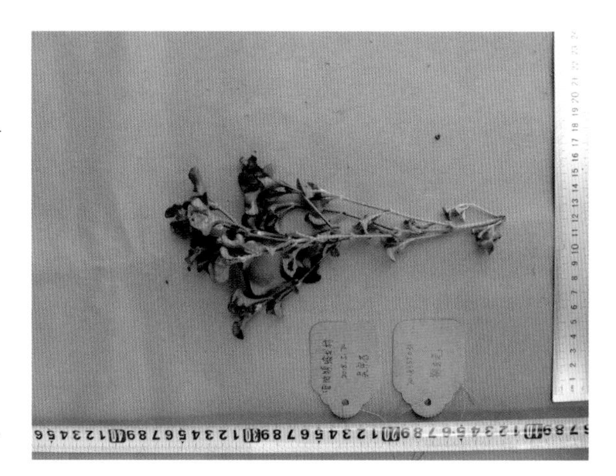

2018355031 锦绣苋

【主要特征特性】锦绣苋株高 20～50 cm；茎直立或基部匍匐，多分枝，上部四棱形，下部圆柱形，两侧各有一纵沟，在顶端及节部有贴生柔毛。叶片矩圆形、矩圆倒卵形或匙形，顶端急尖或圆钝，有凸尖，基部渐狭，边缘皱波状，呈红色或部分绿色，幼时有柔毛后脱落；雄蕊带状，子房无毛，果实不发育。花期 8—12 月。

【濒危状况及保护措施建议】该资源分布广泛，保持现状即可。

（58） P350526027 十八格黄花菜

【作物类别】黄花菜

【分类】百合科萱草属

【学名】*Hemerocallis citrina* Baroni

【来源地】福建省泉州市德化县春美乡。

【分布范围】闽南地区。

【农民认知】开花早，花期长。

【优良特性】高产，优质，抗病，抗虫，抗旱，广适，耐寒。

【适宜地区】适宜于福建省种植。

【利用价值】食用，保健药用。

【主要特征特性】株幅 90 cm，茎秆粗壮，叶片长 78 cm、宽 2 cm，花橙色，单花薹蕾数47，花期6—8 月。花期长，单花薹蕾数多。

【濒危状况及保护措施建议】该资源分布广泛，保持现状即可。

P350526027 十八格黄花菜

(59) 201735038 明溪黄花菜

【作物类别】黄花菜

【分类】百合科萱草属

【学名】*Hemerocallis citrina* Baroni

【来源地】福建省三明市明溪县。

【分布范围】福建省。

【农民认知】复瓣，好看，稀有。

【优良特性】复瓣，耐寒。

【适宜地区】适宜于福建省种植。

【利用价值】可作育种材料。

【主要特征特性】株高 82 cm，叶色黄绿色，叶长 69 cm、宽 1.9 cm，单花薹蕾数 14 个，复瓣，总花瓣数 21 个。

【濒危状况及保护措施建议】该资源分布广泛，保持现状即可。

201735038 明溪黄花菜

第五节　根茎类蔬菜优异种质资源

(60) P350825018 连城慈姑

【作物类别】慈姑

【分类】泽泻科慈姑属

【学名】*Sagittaria trifolia* L. var. *sinensis* (Sims.) Makino

【来源地】福建省龙岩市连城县莲峰镇。

【分布范围】福建省龙岩市。

【农民认知】味甘而带苦。

【优良特性】优质。

【适宜地区】适宜于福建地区种植。

【利用价值】富含淀粉、蛋白质、糖类、无机盐、维生素等多种营养成分，是具较高营养价值的蔬菜。

【主要特征特性】连城慈姑土名“蔬卵”，系多年生草本植物。据旧志载，连城慈姑已有200多年的栽培历史，它富含淀粉、蛋白质、塘类、无机盐、维生素等多种营养成分，是具较高营养价值的蔬菜作物。慈姑是水生植物，收获后不宜洗放陶罐中，可撒些泥沙放在室内保存越冬。4月将慈姑插入水田中，让其分蘖，白露前后用分蘖苗移栽，株距50 cm×50 cm，霜降前应摘除分蘖苗，在春节前后挖收。慈姑亩产750 kg左右。

【濒危状况及保护措施建议】该资源分布广泛，保持现状即可。

P350825018 连城慈姑

(61) P350212001 堤内茭白

【作物类别】茭白

【分类】禾本科菰属

【学名】*Zizania latifolia*（Griseb.）Stapf

【来源地】福建省厦门市同安区汀溪镇。

【分布范围】福建省厦门市。

【农民认知】根系发达，需水量多。

【优良特性】优质，耐寒，耐热。

【适宜地区】日本等温带地区、俄罗斯及欧洲有分布。在中国产于黑龙江、吉林、辽宁、内蒙古、河北、甘肃、陕西、四川、湖北、湖南、江西、福建、广东、台湾等地。

P350212001 堤内茭白

【利用价值】秆基嫩茎，粗大肥嫩，是美味的蔬菜；全草为优良的饲料；能鱼类提供越冬场所，也是固堤造陆的先锋植物。蒋白营养丰富，不仅含糖类、有机氮、水分、脂肪、蛋白质、纤维素，还含有赖氨酸等17种氨基酸，其中苏氨酸、甲硫氨酸、苯丙氨酸、赖氨酸等为人体所必需的氨基酸。茭白味甘，微寒，能祛热、生津、止渴、利尿、除湿、通利，主治暑湿腹痛、中焦痼热、烦渴、二便不利以及酒毒、乳少等症。

【主要特征特性】堤内茭白以早熟、高产、优质、洁白、清脆、甘甜著称。亩产量3 500 kg，产值高达万元以上。可鲜食，有抗癌功效，药用价值很高。

【濒危状况及保护措施建议】该资源分布广泛，保持现状即可。

（62） P350981003 福安竹姜

P350981003 福安竹姜

【作物类别】姜

【分类】姜科姜属

【学名】*Zingiber officinale* Rosc.

【来源地】福建省宁德市福安市。

【分布范围】除东北地区外，在我国各地均有分布。

【农民认知】呈黄白色，肉质脆嫩，具有芳香和辛辣气味。

【优良特性】姜芽修长，皮薄，丝少，辣浓，色润。

【适宜地区】适宜于中国除东北地区外的大部分地区种植。

【利用价值】姜芽可以当蔬菜食用或加工成糖醋姜、盐渍姜，有祛风寒、健胃功效，也适合保鲜、加工。福安竹姜常出口日本、新加坡等国。

【主要特征特性】福安竹姜根茎细长，株高约82 cm，地上茎粗约1.1 cm，单株分枝平均数7个，呈不规则掌状。福安竹姜呈黄白色，肉质脆嫩，纤维少，分枝如指，其尖微紫，鳞片呈紫红色，芽粉红色，具有芳香、辛辣气味。平均单株根茎重300 g左右。亩产量1 200～2 500 kg。

【濒危状况及保护措施建议】本品种在福安市零星栽培，主要用以满足自家消费，虽然品质较好但市场认可度不高，建议加大品种保护及推广力度。

（63） P350581004 红膜葱

P350581004 红膜葱

【作物类别】葱

【分类】百合科葱属

【学名】*Allium fistulosum* L.

【来源地】福建省泉州市石狮市蚶江镇。

【分布范围】福建省泉州市。

【农民认知】外膜红色，小而香甜。

【优良特性】耐盐碱。

【适宜地区】中国南北各地，以及国外均适宜栽培。

【利用价值】食用。

【主要特征特性】此葱主要性状为红色外膜，其植株较小；主要用途为食用；优异特性为耐盐碱。

【濒危状况及保护措施建议】本资源在当地零星栽培，主要用以满足自家消费，虽然品质较好但市场认可度不高，建议加大品种保护及推广力度。

(64) 2018351110 紫背天葵

【作物类别】菊三七

【分类】菊科菊三七属

【学名】*Gynura bicolor* DC.

【来源地】福建省漳州市南靖县。

【分布范围】福建省。

2018351110 紫背天葵

【农民认知】作为蔬菜食用时，一般取其顶部 10 cm 左右嫩梢，用以素炒或荤炒，也可凉拌或做汤食用。紫背天葵风味独特，口感细滑，略有土腥味。紫背天葵泡水后水呈淡紫红色，味微酸带甘甜。

【优良特性】分枝性强，产量高，叶背紫色深，富含黄酮苷、铁、锰、铜等微量元素。

【适宜地区】适宜于福建、广东、海南、江西、四川等地种植。

【利用价值】紫背天葵含有铁元素、黄酮类化合物、维生素 A，作鲜菜食用具有活血止血以及解毒消肿的功效。泡酒、泡水做成药酒或保健茶饮用，具消暑散热、清心润肺的功效。

【主要特征特性】紫背天葵为一年生或多年生草本植物，全株肉质，根粗壮，主根发达，再生能力较强，茎近圆形，直立，株高约 45 cm，分枝性强，茎带紫色，茎上有细毛，易抽生腋芽，分枝与茎约呈 40°角伸展；叶片互生，长卵圆形，顶端尖，叶长 6～15 cm、宽 2～5 cm，叶缘有锯齿，叶面绿色，叶背紫红色，表面有蜡质光泽，深秋季节开花，花序梗伸出叶丛，头状花序，花瓣黄色，筒状，两性花，果实为瘦果。

【濒危状况及保护措施建议】建议保持种植面积，就地保存。

(65) P350182036 白背天葵

【作物类别】明日叶

【分类】伞形科当归属

【学名】*Angelica keiskei* Koidz.

【来源地】福建省福州市长乐区吴航街道。

【分布范围】热带地区。

【农民认知】具有消炎止咳功效。

P350182036 白背天葵

【优良特性】抗虫，抗癌。亩年产量在 3 600 kg 以上，黄酮含量达 5.04%。

【适宜地区】适宜于福建、广东、海南、江西、四川、台湾等地种植。

【利用价值】可用于提取黄酮，鲜菜可用于制作药膳。白背天葵生命力旺盛，常食用嫩叶，多采多食。凉拌、炒食均可。

【主要特征特性】白背天葵又名明日叶（和尚菜、皇帝菜），多年生草本，茎直立，木质，干时具条棱，不分枝或有时上部有花序枝，被短柔毛，稍带紫色。叶质厚，具柄或近无柄；叶片卵形、椭圆形或倒披针形，叶长 5～17 cm、宽 2～5 cm，侧脉 3～5 对，两面被短柔毛；叶柄长 0.5～4 cm，有短柔毛，基部有卵形或半月形具齿的耳。上部叶渐小，呈苞叶状、狭披针形或线形，羽状浅裂，无柄，略抱茎。头状花序直径 1.5～2 cm，花果期 10 月至翌年 2 月。长年种植，长年收获。适合阴凉条件下生长。可用菜园土种植。可于房前屋后、庭院栽培，当地种植多年。繁殖以扦插为主。

【濒危状况及保护措施建议】该资源分布广泛，保持现状即可。

（66） 2017351013 刺五加

【作物类别】刺五加

【分类】五加科五加属

【学名】*Acanthopanax senticosus*（Rupr. Maxim.）Harms

【来源地】福建省三明市明溪县。

【分布范围】福建。

【农民认知】以叶入菜，具清热解毒、降肝火之效。

【优良特性】较耐热。

【适宜地区】适宜于福建、广东、海南、江西、四川、云南、广西、台湾等地种植。

【利用价值】根皮含挥发油、鞣质、棕榈酸、亚麻仁油酸、维生素 A、B 族维生素等。根皮亦可代五加皮供药用；种子可于榨油、制作肥皂。

2017351013 刺五加

【主要特征特性】灌木，株高 1～5 m，分枝多。叶有小叶 5 片；叶柄常疏生细刺，小叶片纸质，椭圆形、倒卵形或长圆形，先端渐尖，基部阔楔形，叶上面粗糙，深绿色，脉上有粗毛，叶下面淡绿色，脉上有短柔毛，边缘有锐利重锯齿；小叶柄有棕色短柔毛。伞形花序，单个顶生，有花多数；总花梗无毛，花梗无毛或基部略有毛；花紫黄色；花萼无毛；花瓣卵形；子房 5 室，花柱全部合生成柱状。果实球形或卵球形。花期 6—7 月，果期 8—10 月。

【濒危状况及保护措施建议】该资源分布广泛，保持现状即可。

（67） 2017351003 木槿花

2017351003 木槿花

【作物类别】木槿

【分类】锦葵科木槿属

【学名】*Hibiscus syriacus* L.

【来源地】福建省三明市明溪县。

【分布范围】福建全省。

【农民认知】鲜花脆嫩。

【优良特性】产量高，花炒食味鲜美。

【适宜地区】适宜于福建、广东、海南、江西、四川、云南、广西、台湾等地种植。

【利用价值】观赏和食用。

【主要特征特性】花粉色，灌木。叶互生，掌状分裂，具掌状叶脉，具托叶。花粉色，重瓣，花苞多。

【濒危状况及保护措施建议】该资源分布广泛，保持现状即可。

（68） 2018351212 白花木槿

2018351212 白花木槿

【作物类别】木槿

【分类】锦葵科木槿属

【学名】*Hibiscus syriacus* L.

【来源地】福建省龙岩市武平县。

【分布范围】福建全省。

【农民认知】花可食用，以花做菜、煲汤别具风味。

【优良特性】花洁白，产量高。

【适宜地区】适宜于福建、广东、海南、江西、四川、云南、广西、台湾等地种植。

【利用价值】可挡尘，作绿篱，作观赏花，可食用。

【主要特征特性】灌木。叶互生，掌状分裂，具掌状叶脉，具托叶。花白色，两性，花常单生于叶腋间；小苞片 5 片或多数，分离或于基部合生；花萼钟状，很少为浅杯状或管状，5 齿裂，宿存；花瓣 5 瓣，各色，基部与雄蕊柱合生；雄蕊柱顶端平截或 5 齿裂，花药多数，生于柱顶；子房 5 室，每室具胚珠 3 至多数，花柱 5 裂，柱头头状。蒴果胞背开裂成 5 果；种子肾形，被毛或为腺状乳突。

【濒危状况及保护措施建议】该资源分布广泛，保持现状即可。

（69） 2017355078 土人参

【作物类别】栌兰

【分类】马齿苋科土人参属

【学名】*Talinum paniculatum*（Jacq.）Gaertn.

【来源地】福建省三明市三元区。

【分布范围】福建地区。

【农民认知】与落葵口味相似，抗蛇眼病。

【优良特性】抗病，抗虫。

【适宜地区】适宜于福建、广东、海南、江西、四川、云南、广西、台湾等地种植。

【利用价值】产量高，采收期长，耐旱耐热，可作为夏季绿叶蔬菜用。

【主要特征特性】株高 40 cm，全株肉质多浆，无毛。主根粗短肥大，须根发达，形似人参。植株分枝性极强，茎肉质。叶片肉质，绿色，两面均有蜡质，光滑，在阳光下有淡紫色光泽。花小，粉红色，两性花。果实为蒴果，近圆球形，初时鲜红色，熟时灰褐色，直径约 3 mm，长 4～6 mm，成熟后自然弹裂散出种子。种子细黑色，扁圆球形，种皮质硬，光亮，有细微腺点。

【濒危状况及保护措施建议】该资源分布广泛，保持现状即可。

2017355078 土人参

（70） 2018351105 叶用枸杞

【作物类别】枸杞

【分类】茄科枸杞属

【学名】*Lycium Chinese* Mill.

【来源地】福建省漳州市南靖县。

【分布范围】福建地区。

2018351105 叶用枸杞

【农民认知】叶片产量高，炒食或与瘦肉煮汤口感好。

【优良特性】叶片营养价值高。

【适宜地区】适宜于福建、广东、海南、江西、四川、云南、广西、台湾等地种植。

【利用价值】叶片含钙量、含硒量较高，每 100 g 鲜品含钙 112.18 mg、含硒 0.004 8 mg。

【主要特征特性】茎色灰白透绿，叶片棱形，先端渐尖，平滑花为完全花，花瓣 5 瓣，腋生，一般 2～8 朵簇生，也有单生。花冠紫红色、筒状。

【濒危状况及保护措施建议】该资源分布广泛，保持现状即可。

（71） 2018351106 片仔癀草

【作物类别】白凤菜

【分类】菊科菊三七属

【学名】*Gynura formosana* Kitam.

【来源地】福建省漳州市南靖县。

【分布范围】主要分布于福建省漳州市及台湾地区的中北部等地。

【农民认知】常用于咽喉肿痛、胃火牙痛、湿热泄泻、瘰疬结核、毒蛇咬伤等疾病的治疗。

【优良特性】黄酮含量高，产量高。

【适宜地区】适宜于福建省漳州市、台湾地区种植。

【利用价值】具保健功效，年亩产量 2 500 kg，黄酮含量达 5.39%，可作为黄酮提取原料。

2018351106 片仔癀草

【主要特征特性】多年生草本，株高20～50 cm。茎秆圆柱形，上部直立，下部平卧，呈攀缘状，干时有条棱，幼枝被短绒毛，节间长 3～5 cm。叶片椭圆形，肉质，头状花序，花冠黄色，花果期 5—7 月。

【濒危状况及保护措施建议】该资源分布广泛，保持现状即可。

（72） P350481029 白苞蒿

【作物类别】白苞蒿

【分类】菊科蒿属

【学名】*Artemisia lactiflora* Wall. ex DC.

【来源地】福建省三明市永安市。

【分布范围】福建。

P350481029 白苞蒿

【农民认知】有清热、解毒、止咳、消炎、活血、散瘀、通经等功效。

【优良特性】产量高，每亩年产量在 4 000 kg 以上。

【适宜地区】适宜于福建省种植。

【利用价值】清香可口，可炒食或做荤素汤，也可作馄饨、水饺、包子馅的配料。

【主要特征特性】主根明显，侧根细长；叶纸质，初时有基生叶，叶卵形；中部叶卵圆形或长卵形，基部与侧边中部裂片最大，边缘常有细裂齿或锯齿或近全缘，头状花序长圆形，总苞片半膜质或膜质，背面无毛，卵形，中、内层总苞片呈长圆形、椭圆形或近倒卵状披针形；花柱细长，花冠管状，花药椭圆形，瘦果倒卵形或倒卵状长圆形。8—11 月开花结果。

【濒危状况及保护措施建议】该资源分布广泛，保持现状即可。

（73） P350628321 白刺苋

【作物类别】刺苋

【分类】苋科苋属

【学名】*Amaranthus tricolor* L.

【来源地】福建省漳州市平和县。

【分布范围】闽南地区和潮汕一带。

【农民认知】白刺苋具有抗菌消炎、止血凉血、清热解毒、调经活血、健脾养胃的功效。可用于治疗痢疾、肠炎、胃溃疡、十二指肠溃疡、反流性食管炎、痔疮、便血等症。

P350628321 白刺苋

【优良特性】抗病性强，耐寒耐热。

【适宜地区】适宜于福建省种植。

【利用价值】根茎可作药膳用。

【主要特征特性】植株高 1 m 有余，主侧根发达，茎秆绿色、带刺，叶片绿色、披针形，总状花序，花白色，种子黑色。

【濒危状况及保护措施建议】该资源分布广泛，保持现状即可。

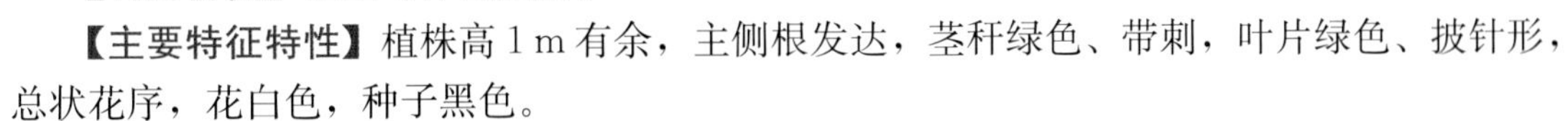

（74） P350823005 本地油菜

【作物类别】油菜

【分类】十字花科芸薹属

【学名】*Brassica napus* L.

【来源地】福建省龙岩市上杭县珊瑚乡。

【分布范围】于世界各地广泛分布。该品种在中国主要分布在长江流域一带。

【农民认知】高产，优质，抗病，抗虫，长势旺，花期长。

【优良特性】抗病，抗虫，广适，抗旱，耐贫瘠。

【适宜地区】适宜于亚热带平原地区种植。

【利用价值】可用于加工、食用和观赏。

【主要特征特性】叶互生，有叶柄，大头羽状分裂，顶生裂片圆形或卵形，茎生叶，下部茎生叶羽状半裂，基部扩展且抱茎，两侧有垂耳，全缘或有枝状细齿。总状无限花序，着生于主茎或分枝顶端。花黄色，花瓣4瓣，为典型的十字形。种子球形，黑褐色。

【濒危状况及保护措施建议】仅有少量零星种植，建议适当扩大种植面积。

P350823005 本地油菜

（75） P350924028 油菜

【作物类别】油菜

【分类】十字花科芸薹属

【学名】*Brassica napus* L.

【来源地】福建省宁德市寿宁县清源镇。

【分布范围】于世界各地广泛分布。该品种在中国主要分布在长江流域一带。

【农民认知】耐寒。

【优良特性】优质、耐寒。

【适宜地区】适宜于亚热带丘陵地区种植。

【利用价值】可用于加工、食用和观赏。

【主要特征特性】叶互生，基生叶不发达，匍匐生长，椭圆形，长10～20 cm，有叶柄，大头羽状分裂，顶生裂片圆形或卵形，密被刺毛，有蜡粉。花黄色，花瓣4瓣，种子球形，黄褐色。

【濒危状况及保护措施建议】仅有少量零星种植，建议适当扩大种植面积。

P350924028 油菜

（76） P350602007 甜白菜

【作物类别】白菜

【分类】十字花科芸薹属

【学名】*Brassica pekinensis*（Lour.）Rupr

【来源地】福建省漳州市芗城区西桥街道。

【分布范围】原产于中国华北，现于全国各地常栽培，尤以北方为主。

【农民认知】高产，抗病。

【优良特性】高产，优质，抗病，广适。

【适宜地区】适宜于亚热带平原地区种植。

【利用价值】食用。

【主要特征特性】早熟品种，浅根系，须根较多，叶片长卵圆形，叶绿色或黄绿色，叶缘波状，基部具有裂片或叶翼延伸，叶脉明显。叶柄狭长，有浅沟。种子近圆形，黑褐色，细小。

P350602007 甜白菜

【濒危状况及保护措施建议】少量零星种植，建议可适当扩大种植面积。

（77） P350128025 四川油菜

【作物类别】油菜

【分类】十字花科芸薹属

【学名】*Brassica napus* L.

【来源地】福建省福州市平潭县。

【分布范围】于世界各地广泛分布。该品种在中国主要分布在长江流域一带。

【农民认知】耐盐碱，抗旱。

【优良特性】优质，抗病，抗虫，耐盐碱，抗旱，结籽多，长势旺，花期长。

【适宜地区】适宜于亚热带丘陵地区种植。

P350128025 四川油菜

【利用价值】可用于加工、食用和观赏。

【主要特征特性】茎圆柱形，多分枝，叶互生，花黄色，总状花序。果长角条形，长3～8 cm，宽2～3 mm，先端有长9～24 mm的喙，果梗长3～15 mm。种子球形、紫褐色。

【濒危状况及保护措施建议】少量零星种植，建议可适当扩大种植面积。

第六节 其他类蔬菜优异种质资源

（78） P350111023 茄子

【作物类别】茄子

P350111023 茄子

【分类】茄科茄属

【学名】*Solanum melongena* L.

【来源地】福建省福州市晋安区寿山乡。

【分布范围】福建省福州市。

【农民认知】果形小，肉厚，口感鲜美。

【优良特性】耐贫瘠，抗旱，品质优，产量高，易管理，适应性强。

【适宜地区】适宜于福建省种植。

【利用价值】由于白茄子产量高，效益好，比普通茄子价格高出两倍还供不应求，故被菜农称为短、平、快的种植项目。白茄子外皮还具有药用价值，可用于祛斑美容、治疗风湿关节痛等，深受消费者的青睐。

【主要特征特性】在寿山乡能找到当地常规种白茄子。当地市场上常见的是紫茄子，白茄子比较少见。白茄子的植株生长势强，耐贫瘠，抗旱，株高约 1 m，适合春秋露地栽培。白皮茄子果实呈长棒形，头尾均匀，果皮白色，着色均匀，光泽度好，萼片绿色，果肉白色、紧实。果实早熟，果形小，肉厚，口感鲜美，营养丰富。茄子中富含芦丁，能增强细胞黏着力，同时可以调节神经，增加肾上腺分泌，令人心情愉悦。

【濒危状况及保护措施建议】保持种植面积，就地保存。

（79） P350725021 高山白茄

P350725021 高山白茄

【作物类别】茄子

【分类】茄科茄属

【学名】*Solanum melongena* L.

【来源地】福建省南平市政和县澄源乡。

【分布范围】福建省南平市。

【农民认知】白色，无籽，口感好。

【优良特性】优质。

【适宜地区】适宜于福建高海拔地区种植。

【利用价值】可用于炒菜。

【主要特征特性】高山白茄为政和县高山地区特有的白茄品种。该茄子颜色为白色，无籽，果长超 20 cm，口感好，只生长在政和县海拔 800～1 000 m 的山区，且全都是农户自留种，该茄子特别适宜在高海拔地区种植。

【濒危状况及保护措施建议】保持种植面积，就地保存。

（80） 2017355016 黄秋葵

【作物类别】黄秋葵

【分类】锦葵科秋葵属

【学名】*Abelmoschus esculentus*（L.）Moench

【来源地】福建省三明市三元区。

【分布范围】亚热带气候区。

【农民认知】果长，产量高。

【优良特性】果质柔软，不易老化。

【适宜地区】适宜于福建省种植。

【利用价值】可作为育种亲本。

【主要特征特性】株高 121 cm，茎粗 2.43 cm，第一分枝节位 5 节，主茎节数 45 节，节间长 3.6 cm，叶片长 30 cm，叶片宽 30 cm，叶柄绿色，叶柄长 37.7 cm，叶柄粗 0.6 cm，始果节第 5 节，蒴果长 26.7 cm，蒴果宽 2.5 cm，果实黄绿色，果实表面多毛，果柄长 4.2 cm，果柄粗 0.5 cm，单株果数 32 个，单果重 27.3 g，单果种子数 91 个。

【濒危状况及保护措施建议】分布广泛，保持现状即可。

2017355016 黄秋葵

（81） P350505007 黄秋葵

【作物类别】黄秋葵

【分类】锦葵科秋葵属

【学名】*Abelmoschus esculentus*（L.）Moench

【来源地】福建省泉州市泉港区南埔镇。

【分布范围】亚热带气候区。

【农民认知】产量高。

【优良特性】节间短，坐果数量多。

【适宜地区】适宜于福建省种植。

【利用价值】高产。

【主要特征特性】株高 134 cm，茎粗 3.11 cm，第一分枝节位 8 节，主茎节数 47 节，节间长 4.2 cm，叶片长 30 cm，叶片宽 37 cm，叶柄绿色，叶柄长53 cm，叶柄粗 0.8 cm，始果节第 5 节，蒴果长 27 cm，

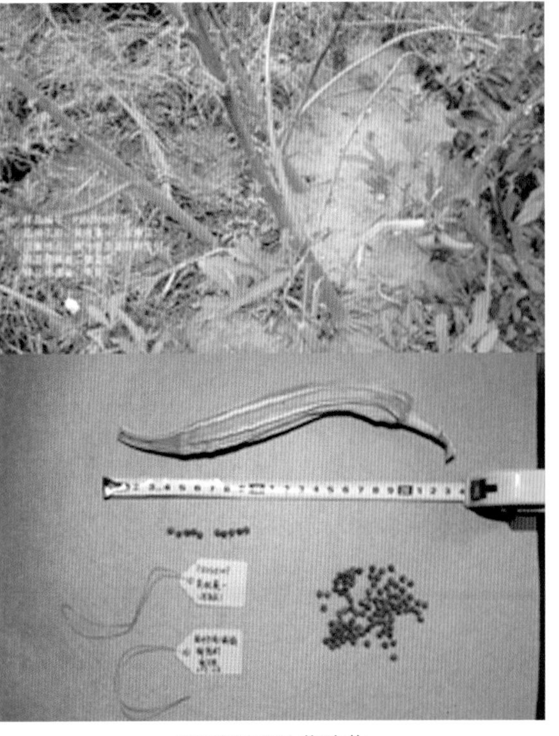

P350505007 黄秋葵

蒴果宽 2.5 cm，果实色绿色，果实表面多毛，果柄长 5 cm，果柄粗0.7 cm，单株果数 39 个，单果重 31 g，单果种子数 101 个。

【濒危状况及保护措施建议】该资源分布广泛，保持现状即可。

（82） P350724022 黄秋葵

【作物类别】黄秋葵

【分类】锦葵科秋葵属

【学名】*Abelmoschus esculentus*（L.）Moench

【来源地】福建省南平市松溪县。

【分布范围】亚热带气候区。

【农民认知】果长，长得高。

【优良特性】抗病，抗旱，抗虫。

【适宜地区】适宜于福建省种植。

【利用价值】可作为抗性材料。

P350724022 黄秋葵

【主要特征特性】株高 212 cm，茎粗4 cm，第一分枝节位第 6 节，主茎节数 64 节，节间长 6.5 cm，叶片长 31 cm，叶片宽 35 cm，叶柄淡红色，叶柄长 38 cm，叶柄粗 0.8 cm，始果节第 4 节，蒴果长35 cm，蒴果宽 2.7 cm，果实色淡绿色，果实表面多毛，果柄长 7 cm，果柄粗 0.7 cm，单株果数 30.5 个，单果重 51.2 g，单果种子数 91 个。

【濒危状况及保护措施建议】该资源分布广泛，保持现状即可。

（83） P350429016 梅林辣椒

【作物类别】辣椒

【分类】茄科辣椒属

【学名】*Capsicum annuum* L.

【来源地】福建省三明市泰宁县朱口镇。

【分布范围】福建省三明市。

【农民认知】皮薄，肉厚，辣度适中。

【优良特性】优质，抗虫，抗病。

【适宜地区】适宜于国内辣椒产区种植。

P350429016 梅林辣椒

【利用价值】鲜绿辣椒适宜炒制，口感好，中等稍辣，回味香甜。红熟后本地多晾晒后碾碎成粉末状辣椒粉使用，比其他品种成品更为细腻，商品性好。

【主要特征特性】本地特色品种，主要在朱口镇一带种植。其果实弯曲细长，形若羊角，尖上带钩，果皮多皱褶，未成熟时果实呈绿色，成熟后呈鲜红色，晒干后呈深红色。皮薄，肉厚，色鲜，味香，辣度适中。

【濒危状况及保护措施建议】保持种植面积，就地保存。

第三章
优异农作物种质资源——果树作物

第一节　核果类果树优异种质资源

（1） P350182015 青山青壳宝圆

【作物类别】 龙眼

【分类】 无患子科龙眼属

【学名】 *Dimocarpus longan* Lour.

【来源地】 福建省福州市长乐区古槐镇。

【分布范围】 福建省福州市长乐区零星分布。

【农民认知】 晚熟，食用口感好。

【优良特性】 大果，优质，结果性能好，果实整齐度好。

【适宜地区】 适宜于福州以南地区种植。

【利用价值】 鲜食，加工。

P350182015 青山青壳宝圆

【主要特征特性】 果穗长 28.0 cm，宽 14 cm，穗重 538.7 g，穗粒数 43，果实紧密，整齐度好，果实侧扁圆形、青褐色，果皮粗糙、较脆，单果重 12.5 g，可溶性固形物含量 19.6%，可食率 66.0%，肉脆、化渣、易离核，风味甜。在长乐区于 9 月上旬成熟。

【濒危状况及保护措施建议】 仅少数果农种植。建议异位妥善保存，可适当扩大种植面积。

（2） P350303007 国庆尾

【作物类别】 龙眼

【分类】 无患子科龙眼属

P350303007 国庆尾

【学名】 *Dimocarpus longan* Lour.

【来源地】 福建省莆田市涵江区。

【分布范围】 于福建省莆田市涵江区单株分布。

【农民认知】 高产，优质，抗病，抗虫。

【优良特性】 晚熟，大果，优质。

【适宜地区】 适宜于福州以南的地区种植。

【利用价值】 鲜食，加工。

【主要特征特性】 果穗紧密，果实整齐度好，果实侧扁圆形，果皮黄褐色、光滑、硬脆，单果重 14.1 g，可溶性固形物含量 22.3%，可食率 64.0%，汁多、稍流汁，肉软韧、较易离核、较化渣，味浓甜。在莆田涵江成熟期为 9 月下旬至 10 月上旬。

【濒危状况及保护措施建议】 单株分布。建议异位妥善保存，可作为晚熟龙眼品种，适当扩大种植面积。

(3) P350583003 小白核（无核龙眼）

【作物类别】 龙眼

【分类】 无患子科龙眼属

【学名】 *Dimocarpus longan* Lour.

【来源地】 福建省泉州市南安市康美镇。

【分布范围】 于福建省泉州市零星分布。

【农民认知】 味甜，核白色（近似无核）。

【优良特性】 焦核率高，高产，优质。

【适宜地区】 适宜于福州以南的地区种植。

【利用价值】 鲜食。

P350583003 小白核（无核龙眼）

【主要特征特性】 9 月上旬成熟，果实近圆形，果皮黄褐色偏深、粗糙、脆，平均单果重 7.3 g，可溶性固形物含量 23.3%，可食率 70.6%，种子白色、小、皱，果肉乳白色、半透明、不流汁，肉质细嫩、脆、化渣，味浓甜，品质好，高产，优质。

【濒危状况及保护措施建议】 仅有少数果农零星种植，已很难收集到。建议异位妥善保存，作为特色品种，适当少量种植。

(4) P350583002 牛奶味

【作物类别】龙眼

【分类】无患子科龙眼属

【学名】*Dimocarpus longan* Lour.

【来源地】福建省泉州市南安市康美镇。

【分布范围】福建省泉州市南安市。

【农民认知】高产，优质，耐热。

【优良特性】花期迟。

【适宜地区】适宜于福州以南的地区种植。

【利用价值】鲜食。

P350583002 牛奶味

【主要特征特性】枝梢黄褐色、光滑；花期6月上旬，果实成熟期为9月上旬；果实近圆形、龟裂纹明显，单果重7.6 g，可溶性固形物含量22.0%，可食率54.4%，肉质细嫩、化渣。

【濒危状况及保护措施建议】特异资源，建议异位妥善保存。

(5) P350305030 前康龙眼（早熟）

【作物类别】龙眼

【分类】无患子科龙眼属

【学名】*Dimocarpus longan* Lour.

【来源地】福建省莆田市。

【分布范围】福建省莆田市。

【农民认知】优质，抗旱。

【优良特性】可溶性固形物含量高，优质。

【适宜地区】适宜于福州以南的地区种植。

【利用价值】适宜鲜食或焙干。

P350305030 前康龙眼（早熟）

【主要特征特性】8月下旬成熟，果实侧扁圆形，果基微凹，放射纹明显、隆起，果皮黄褐色，单果重9.8～12.0 g，平均可溶性固形物含量22.0%，最高达26.0%，可食率65.3%，果肉黄白色、半透明、稍流汁，肉质细嫩、稍脆、易离核、化渣，风味浓，品质较好。

【濒危状况及保护措施建议】单株，建议原位保护，同时异位妥善保存。

(6) 2017352097 红核仔龙眼

【作物类别】龙眼

2017352097 红核仔龙眼

【分类】无患子科龙眼属

【学名】*Dimocarpus longan* Lour.

【来源地】福建省福州市闽侯县鸿尾乡。

【分布范围】福州。

【农民认知】红核仔龙眼，简称红核子，又写作红核仔，别名红核种、红仔，为龙眼的一个品种。该品种为福州地区的古老品种。红核仔龙眼在福州的成熟期为9月上中旬，属中熟（偏迟）品种。因土地开发和农业结构调整，现已剩不多。该品种果较小，味浓甜。

【优良特性】产量高，不易落果，耐旱力较强。

【适宜地区】适宜于福州以南的地区种植。

【利用价值】味浓甜，品质上等，适宜鲜食。

【主要特征特性】红核子龙眼为福州地区的古老品种，在福州的成熟期为9月上中旬，属中熟（偏迟）品种。因土地开发和农业结构调整，现已剩不多。果穗长32 cm，穗重353 g，着果较密，果梗软韧。果实圆球形，大小均匀，果顶浑圆，果肩平，果基平，果实纵径2.2～2.3 cm、横径2.3～2.4 cm，果重6.3～7.3 g。果皮黄褐色，龟状纹不明显，放射纹不明显，瘤状突起较明显，果皮薄。果肉乳白色、半透明、肉厚，果肉表面稍流汁或不流汁，离核较易或较难，肉质脆嫩、较化渣、汁量中等，味浓甜，有香气。可食率62%～66%，可溶性固形物21%～22%，总糖17.7%，转化糖11%，还原糖6.1%，酸量0.1%，每100 g果肉含维生素C 50.7～100.1 mg。种子棕红色、圆形至扁圆形，种脐中等大小、近长方形，种子重1.9 g。春梢期为2月中旬至4月中旬，夏梢期为5月上旬至下旬，第二次夏梢期为6月中旬至7月上旬，秋梢期为8月。花期为4月下旬至5月下旬，果实于9月上中旬成熟，该品种属实生品种群统称。

【濒危状况及保护措施建议】由少数果农零星种植，已很难收集到，建议异位妥善保存。

（7） P350423024 山荔枝

P350423024 山荔枝

【作物类别】构棘

【分类】桑科柘属

【学名】*Cudrania cochinchinensis*（Lour.）Kudo et Masam.

【来源地】福建省三明市清流县龙津镇。

【分布范围】福建省三明市。

【农民认知】果可食用，根、茎可药用。

【优良特性】高产，抗病，抗虫，抗旱，耐寒，耐贫瘠。

【适宜地区】适宜于福建南靖、龙岩、长汀、永安、将乐、南平、建阳、浦城、福州、宁德、古田等地，以及长江以南各省区、河北、甘肃、辽宁等省区。生于山地林缘或路旁。

【利用价值】食用、保健药用、绿化苗木用。

【主要特征特性】高产、抗病、抗虫、抗旱、耐寒、耐贫瘠。可食用、作保健药用、作绿化苗木用。

【濒危状况及保护措施建议】由少数果农零星种植，已很难收集到，建议异位妥善保存。

(8) P350622002 金秋红荔枝

【作物类别】荔枝

【分类】无患子科荔枝属

【学名】*Litchi chinensis* Sonn.

【来源地】福建省漳州市云霄县东厦镇。

【分布范围】福建省漳州市云霄县。

【农民认知】这株果树历史悠久，据县志记载，此树栽培于明成化年间，距今已有500多年历史，树高约8 m，冠幅近20 m，屹立在船场荔枝岭的半山腰，果实口感稍带酸涩，肉质鲜嫩。

【优良特性】优质，抗病，抗虫，广适，耐贫瘠，抗旱。

P350622002 金秋红荔枝

【适宜地区】适宜于亚洲东南部，中国的西南部、南部和东南部，尤其是广东和福建等南部省份种植。

【利用价值】可用于鲜食或祭祀。该树还是附近村落的风水树，有专人对其看护，并受附近村民香火祭拜。具有一定的历史和宗教信仰的意义。

【主要特征特性】金秋红荔枝，属于无患子科荔枝属内晚熟的一个荔枝品种。品种采集于云霄县东厦镇。该品种果实成熟较晚，一般成熟期在10月。该品种口感稍带酸涩，肉质鲜嫩。这株果树历史悠久，据县志记载，此树栽培于明成化年间，距今已有500多年历史，该树树高约8 m，冠幅近20 m，屹立在船场荔枝岭的半山腰。

【濒危状况及保护措施建议】少数果农零星种植，已很难收集到，建议异位妥善保存。

(9) 2019357101 介溪晚熟荔枝

【作物类别】荔枝

【分类】无患子科荔枝属

【学名】*Litchi chinensis* Sonn.

【来源地】福建省宁德市蕉城区三都镇。

【分布范围】福建省宁德市。

【农民认知】三都镇种植历史悠久的地方品种，肉嫩清甜，核小。

【优良特性】产量高，熟期晚，耐寒。

【适宜地区】适宜于亚洲东南部，中国的西南部、南部和东南部，尤其是广东和福建等南部省份种植。

【利用价值】产量高，熟期晚。

【主要特征特性】三都镇种植历史悠久的地方品种，产量高，熟期晚，耐寒，肉嫩清甜，核小，品质好。

【濒危状况及保护措施建议】由少数果农零星种植，已很难收集到，建议异位妥善保存。

2019357101 介溪晚熟荔枝

（10） 2017352099 状元红荔枝

【作物类别】荔枝

【分类】无患子科荔枝属

【学名】*Litchi chinensis* Sonn.

【来源地】福建省福州市闽侯县荆溪镇。

【分布范围】福建省福州市。

【农民认知】本品种在闽侯县荆溪和上街一带种植面积较多，在福建农林大学校区内也种有一些。20 世纪初至 20 世纪 80 年代前，该品种为闽侯县的主要荔枝品种，近年因开发建设，该品种在上街镇基本绝迹，荆溪由于建设以荔枝为主题的“荔园度假村”，还基本保留着此品种。

【优良特性】味香佳且籽核细小。以色、香、甜、味俱全闻名。

【适宜地区】适宜于亚洲东南部，中国的西南部、南部和东南部，尤其是广东和福建等南部省份种植。

【利用价值】果期为夏末初秋，属晚熟品种，果实味甜中带酸，主要为鲜食，可调剂夏季水果市场，丰富水果品种。

2017352099 状元红荔枝

【主要特征性状】常绿乔木，树高通常不超过 10 m，有时可达 15 m 或更高，树皮灰黑色。叶连柄长 10～25 cm 或更长；小叶 2 对或 3 对，较少 4 对，叶革质，披针形或卵状披针形，有时长椭圆状披针形，叶长 6～15 cm，叶宽 2～4 cm，顶端骤尖或尾状短渐尖，全缘，腹面深绿色，有光泽，背面粉绿色，两面无毛；侧脉常纤细，在腹面不很明显，在背面明显或稍凸起；小叶柄长 7～8 mm。果卵圆形至近球形，长 3.5～4 cm，成熟时通常呈粉红色，核小。

【濒危状况及保护措施建议】本品种在当地零星栽培，建议加大品种保护推广力度。

(11) 2017352062 野荔枝

【作物类别】尖叶四照花

【分类】山茱萸科四照花属

【学名】*Dendrobenthamia angustata*（Chun）Fang

【来源地】福建省福州市闽侯县。

【分布范围】野荔枝多分布在闽侯县的大湖乡和竹岐乡，在白沙镇的高山上也有零星分布。

2017352062 野荔枝

【农民认知】本品种在闽侯县荆溪和上街一带种植面积较多，福建农林大学校区内也种有一些。

【优良特性】高产，优质，耐贫瘠，抗旱，抗虫。

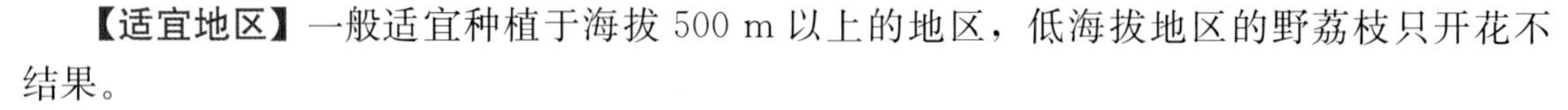

【适宜地区】一般适宜种植于海拔 500 m 以上的地区，低海拔地区的野荔枝只开花不结果。

【利用价值】具有清热解毒、收敛止血之功效。用于治疗痢疾、外伤出血、骨折。

【主要特征特性】常绿乔木或灌木，高 4～12 m；树皮灰色或灰褐色，平滑；幼枝灰绿色，被白贴生短柔毛，老枝灰褐色，近于无毛。冬芽小，圆锥形，密被白色细毛。叶对生，革质，长椭圆形、稀卵状椭圆形或披针形。果序球形，成熟时红色，被白色细毛；总果梗纤细，长 6～10.5 cm，紫绿色，微被毛。花期为 6—7 月，果期为 10—11 月。

【濒危状况及保护措施建议】野生资源，建议加大品种保护推广力度，入编国家种质资源库保存，扩大种植。

(12) P350622013 白蜜枇杷

【作物类别】枇杷

【分类】蔷薇科枇杷属

【学名】*Eriobotrya japonica*（Thunb.）Lindl.

【来源地】福建省漳州市云霄县火田镇。

【分布范围】于福建省漳州市零星分布。

【农民认知】属蔷薇科的一个品种，在云霄县种植历史悠久，扁圆如山楂，香气迷人，口感甘甜。

【优良特性】高产，优质，耐贫瘠，抗旱，抗虫。

【适宜地区】适宜于福建枇杷产区种植。

【利用价值】食用。

【主要特征特性】属于蔷薇科的一个品种，在云霄县种植历史悠久。其叶色深绿，叶脉大而明显，果实与普通枇杷不同，呈扁平的椭圆形，状如山楂，且有浓郁的果香，味道十分甘甜可口，回味无穷。

【濒危状况及保护措施建议】因果较小，仅有少数果农零星种植。建议妥善异位保存。

P350622013 白蜜枇杷

（13） 2018354001 枇杷

2018354001 枇杷

【作物类别】枇杷

【分类】蔷薇科枇杷属

【学名】*Eriobotrya japonica* (Thunb.) Lindl.

【来源地】福建省南平市武夷山市洋庄乡小浆村。

【分布范围】于福建省南平市武夷山市零星分布。

【农民认知】晚熟，优质。

【优良特性】晚熟，可食率高。

【适宜地区】适宜于福建省枇杷产区种植。

【利用价值】鲜食。

【主要特征特性】叶片椭圆形，叶缘反卷。果实倒卵形，纵径 3.36 cm、横径 2.81 cm、侧径 2.19 cm，果形指数 1.2；果皮橙黄色，果顶钝圆、果基钝圆，萼片外凸、顶端内凹，萼孔半开张，单果重 14.5 g，可溶性固形物含量 11.6%，可食率 72.7%，果肉厚度 8.98 mm，果肉橙黄色，皮厚、易剥；种子 3 粒左右，呈三角体形或卵圆形，种皮不开裂。在当地 5 月中下旬成熟。

【濒危状况及保护措施建议】地方资源，有少量栽培。建议异位妥善保存。

（14） P350322001 西苑本

【作物类别】枇杷

【分类】蔷薇科枇杷属

【学名】*Eriobotrya japonica* (Thunb.) Lindl.

P350322001 西苑本

【来源地】福建省莆田市仙游县。

【分布范围】于福建省莆田市仙游县零星分布。

【农民认知】大果。

【优良特性】可食率高，早结果性好。

【适宜地区】适宜于福建省枇杷产区种植。

【利用价值】鲜食。

【主要特征特性】花序大、坐果稀疏。果实倒卵形，果实纵径 4.98 cm、横径 3.92 cm、侧径 3.46 cm，果形指数 1.27；果皮橙红色，果顶平或钝圆，果基尖峭，果点密生，茸毛多，果粉厚，萼片平展，萼孔半开张，单果重 40.9 g，可溶性固形物含量 9.9%，可食率 72.3%，果肉橙红色，厚 9.20 mm，剥皮较易，肉质致密、汁液多、较化渣，口味甜酸；种子 2.6 粒，呈半圆或三角体形。西苑本在福州 4 月下旬至 5 月上旬成熟。如在 2018 年 4 月进行小苗嫁接，2019 年带土种植，那么当年即可开花结果。

【濒危状况及保护措施建议】地方资源，有少量栽培。建议异位妥善保存。

（15） P350625033 野生芒果（红花）

【作物类别】芒果

【分类】漆树科杧果属

【学名】*Mangifera indica* L.

【来源地】福建省漳州市长泰区陈巷镇。

【分布范围】于福州以南地区分布较为广泛。

【农民认知】野生。

【优良特性】树势较旺，抗虫、抗病性中上。

【适宜地区】适宜于福州以南地区种植。

【利用价值】可利用种子作为实生砧木培育。

【主要特征特性】主干粗糙，幼嫩枝紫红色，老熟枝绿色，幼叶紫红色，叶片椭圆披针形，平直，薄革质，叶尖钝尖，叶缘平坦。

P350625033 野生芒果（红花）

【濒危状况及保护措施建议】分布广泛，实生群体多，保持现状即可。

（16） P350625032 野生芒果（白花）

P350625032 野生芒果（白花）

【作物类别】芒果

【分类】漆树科杧果属

【学名】*Mangifera indica* L.

【来源地】福建省漳州市长泰区陈巷镇。

【分布范围】于福建沿海地区分布较为广泛。

【农民认知】野生。

【优良特性】树势较旺，抗虫、抗病性中上。

【适宜地区】适宜于福州以南地区种植。

【利用价值】可利用种子作为实生砧木培育。

【主要特征特性】主干粗糙，幼嫩枝紫红色，老熟枝绿色，幼叶浅绿色，叶片长圆披针形，平直，厚革质，叶尖钝尖，叶缘波浪形。

【濒危状况及保护措施建议】分布广泛，实生群体较多，保持现状即可。

（17） P350305021 芒果

P350305021 芒果

【作物类别】芒果

【分类】漆树科杧果属

【学名】*Mangifera indica* L.

【来源地】福建省莆田市秀屿区东庄镇。

【分布范围】于福州以南地区零星分布。

【农民认知】高产，优质，抗旱，抗病，抗虫，广适。

【优良特性】树势中等，抗虫、抗病性中等。

【适宜地区】适宜于福州以南地区种植。

【利用价值】可食用，可适当规模经济栽培，可作为杂交育种亲本。

【主要特征特性】主干粗糙，幼嫩枝淡绿色，老熟枝绿色，幼叶浅绿色，叶片长圆披针形，平直，薄革质，叶尖渐尖，叶缘平坦。

【濒危状况及保护措施建议】零星分布，多作为街道绿化树及农家院落栽培，实生群体较少，应进行适当规模实生树体保存或无性繁殖保存。

P350212022 芒果

（18） P350212022 芒果

【作物类别】 芒果

【分类】 漆树科杧果属

【学名】 *Mangifera indica* L.

【来源地】 福建省厦门市同安区。

【分布范围】 于福州以南地区零星分布。

【农民认知】 优质，耐寒，耐热。

【优良特性】 树势较旺，抗虫、抗病性较差。

【适宜地区】 适宜于福州以南地区种植。

【利用价值】 可食用，可作为特异种质资源。

【主要特征特性】 主干粗糙，幼嫩枝紫红色，老熟枝绿色，幼叶浅绿色，叶片椭圆披针形，平直，薄革质，叶尖渐尖，叶缘平坦。

【濒危状况及保护措施建议】 零星分布，实生群体较少，应进行适当规模实生树体保存或无性繁殖保存。

P350181009 芒果

（19） P350181009 芒果

【作物类别】 芒果

【分类】 漆树科杧果属

【学名】 *Mangifera indica* L.

【来源地】 福建省福州市福清市音西街道。

【分布范围】 于福州以南地区零星分布。

【农民认知】 高产，优质，抗旱。

【优良特性】 树势较旺，抗虫、抗病性较差。

【适宜地区】 适宜于福州以南地区种植。

【利用价值】 可食用，可适当规模经济栽培，可利用种子作为实生砧木培育，或作为杂交育种亲本。

【主要特征特性】 主干粗糙，幼嫩枝淡绿色，老熟枝绿色，幼叶紫红色，叶片椭圆披针形，平直，厚革质，叶尖渐尖，叶缘波浪形。

【濒危状况及保护措施建议】零星分布，多作为街道绿化树及农家院落栽培，实生群体较少，应进行适当规模实生树体保存或无性繁殖保存。

（20） P350602027 芒果

【作物类别】芒果

【分类】漆树科杧果属

【学名】*Mangifera indica* L.

【来源地】福建省漳州市芗城区。

【分布范围】于福州以南地区分布较为广泛。

【农民认知】花柄为青白色，成熟果实重达 250 g 以上，香气浓郁，肉质甜美。

【优良特性】树势较旺，抗虫、抗病性中上。

【适宜地区】适宜于福州以南地区种植。

【利用价值】可食用，可作为加工型品种适当规模经济栽培，可利用种子作为实生砧木培育或作为杂交育种亲本。

【主要特征特性】主干粗糙，幼嫩枝淡绿色，老熟枝绿色，幼叶紫红色，叶片长圆披针形，平直，厚革质，叶尖渐尖，叶缘波浪形。

【濒危状况及保护措施建议】多作为街道绿化树及农家院落栽培，实生群体较少，可进行适当规模实生树体保存或无性繁殖保存。

P350602027 芒果

（21） P350603019 芒果

【作物类别】芒果

【分类】漆树科杧果属

【学名】*Mangifera indica* L.

【来源地】福建省漳州市龙文区。

【分布范围】福建省漳州市龙文区。

【农民认知】该品种为当地实生苗种，果实中等，味道甘甜可口，核偏大，可食率不高，树形较为高大。

P350603019 芒果

【优良特性】树势较旺，抗虫、抗病性中上。

【适宜地区】适宜于福州以南地区种植。

【利用价值】可食用，可利用种子作为实生砧木培育。

【主要特征特性】主干粗糙，幼嫩枝淡绿色，老熟枝绿色，幼叶淡绿色，叶片长圆披针形，平直，厚革质，叶尖渐尖，叶缘波浪形。

【濒危状况及保护措施建议】分布较为广泛，实生群体多，保持现状即可。

（22） P350603014 芒果

【作物类别】芒果

【分类】漆树科杧果属

【学名】*Mangifera indica* L.

【来源地】福建省漳州市龙文区。

【分布范围】于福州以南地区分布较为广泛。

【农民认知】该品种为当地实生苗种，果实中等，卵形，多汁，味道酸甜可口，核偏大，可食率不高，树形较为高大。

【优良特性】树势中等，抗虫、抗病性中上。

P350603014 芒果

【适宜地区】适宜于福州以南地区种植。

【利用价值】可食用，可利用种子作为实生砧木培育。

【主要特征特性】主干粗糙，幼嫩枝淡绿色，老熟枝绿色，幼叶淡绿色，叶片长圆披针形，平直，厚革质，叶尖渐尖，叶缘平坦。

【濒危状况及保护措施建议】分布较为广泛，实生群体多，保持现状即可。

（23） P350981001 芙蓉李

【作物类别】李

【分类】蔷薇科李属

【学名】*Prunus salicina* Lindl.

【来源地】福建省宁德市福安市潭头镇。

【分布范围】福建省龙岩市连城县、武平县，三明市永安市、尤溪县、将乐县，福州市永泰县，宁德市福安市、屏南县、古田县等地多有分布。

【农民认知】品质独特，果皮色泽鲜红，蜡粉厚，果大质脆。

【优良特性】高产，优质，抗病，抗虫，抗旱，广适，耐寒，耐热，耐贫瘠。

P350981001 芙蓉李

【适宜地区】适宜于福建、江西等省份种植。

【利用价值】可鲜食，或可加工成蜜饯果脯和罐头等产品。

【主要特征特性】福安市是福建省芙蓉李的主产区和重点产区，福安芙蓉李已有400多年的栽培历史，是地方传统名优水果。芙蓉李传统产区分布于武陵溪、交溪汇集的冲积地，此处土壤有机质丰富，生态环境优越，所产的福安芙蓉李品质独特，用于鲜食或加工皆宜。福安芙蓉李果皮色泽鲜红，蜡粉厚，果大质脆，肉厚核小，可食率80%以上，单果重达45～60 g，果肉深红色，酸甜适度，可溶性固形物12.5%～14.5%。

【濒危状况及保护措施建议】福安市是福建省芙蓉李的主产区和重点产区，福安芙蓉李已有400多年的栽培历史，是地方传统名优水果。

(24) 2017353055 芙蓉李

【作物类别】李

【分类】蔷薇科李属

【学名】*Prunus salicina* Lindl.

【来源地】福建省福州市永泰县葛岭镇。

【分布范围】福建省福州市永泰县。

【农民认知】芙蓉李又名夫人李、浦李，属红皮红肉类，为福建李的主要品种。芙蓉李主产于永泰，分布于各乡镇。此品种果核小，果扁圆形，黏核。

【优良特性】适应性和抗旱性均较强。

【适宜地区】适宜于福建、江西等省种植。

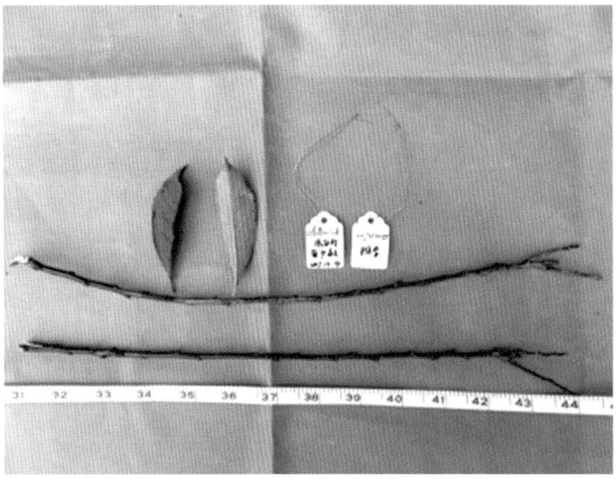

2017353055 芙蓉李

【利用价值】为鲜食、加工的优良品种。

【主要特征特性】该品种的适应性和抗旱性均较强。树势强，树冠开张，呈自然杯状形或自然圆头形，树干粗短，枝条开张，分枝密。果实近圆形，果形较大，平均单果重50 g左右，最大果达75 g；果皮较厚，淡红色，具黄色斑点，果粉厚而多，呈灰白色。果顶平或微凹，果肩广平，一边隆起，梗洼浅，缝合线稍深而明显；硬熟期果皮为黄绿色，果肉带橙红色，肉质脆，味甜酸；软熟期果皮和果肉均为紫红色，质软汁多，味甜微酸，溶性固形物含量10.1%～13.6%。此品种果核小、扁圆形、黏核，为鲜食、加工优良品种。果实成熟期为7月上中旬。经多年选育，现已选育出大粒芙蓉李、早熟芙蓉李、软枝芙蓉李、硬枝芙蓉李、红皮芙蓉李、青皮芙蓉李，以及江西芙蓉李等品系（类型）。

【濒危状况及保护措施建议】分布广泛，保持现状即可。

(25) 2017353054 胭脂李

【作物类别】李

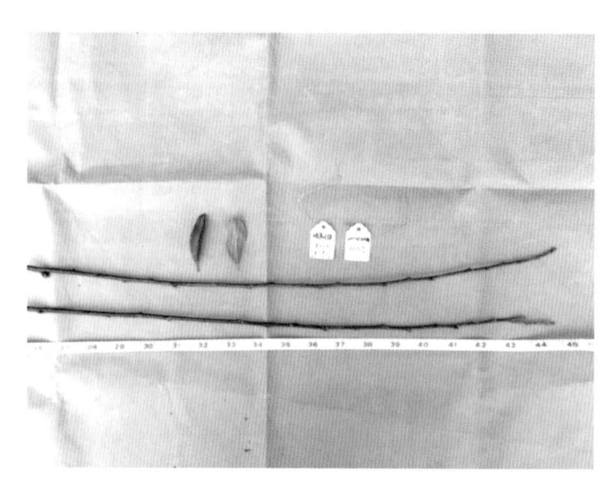

2017353054 胭脂李

【分类】蔷薇科李属

【学名】*Prunus salicina* Lindl.

【来源地】福建省福州市永泰县葛岭镇。

【分布范围】于福建省福州市永泰县葛岭镇、城峰镇、清凉镇、岭路乡等乡镇零星种植。

【农民认知】胭脂李又名麦李、盐田李、红皮李、红肉李等，属红皮红肉类。主产于福建永泰县葛岭镇，在城峰镇、清凉镇、岭路乡等乡镇也有零星种植。胭脂李高产、稳产，大小年结果现象不明显，早熟，供应期长。

【优良特性】高产、稳产，大小年结果现象不明显，早熟，供应期长。

【适宜地区】适宜于福建、江西等省种植。

【利用价值】可鲜销，又可加工和综合利用制成多种色香味俱佳的食品，如果脯、果酱、果酒，深受年轻消费者的喜爱。胭脂李果实成熟时恰逢水果淡季，其经济效益高。

【主要特征特性】树势强，树冠开张，树干纵裂明显，分枝旺盛；以短果枝和花束状果枝结果为主。果实扁圆形或近心脏形，果形中等大，较均匀，平均单果重 37 g 左右，最大果可达 52 g；果顶微凸，缝合线明显，果梗长而粗，梗洼广而深；果皮薄，胭脂红色，密布银灰色果粉，果肉紫红色；肉质松软带韧，汁多，味酸甜；果核卵圆形、黏核，品质中等；宜鲜食。果实成熟期为 6 月上中旬，也可延至 7 月初采收。

【濒危状况及保护措施建议】分布广泛，保持现状即可。

（26） 2017353019 龙眼梅

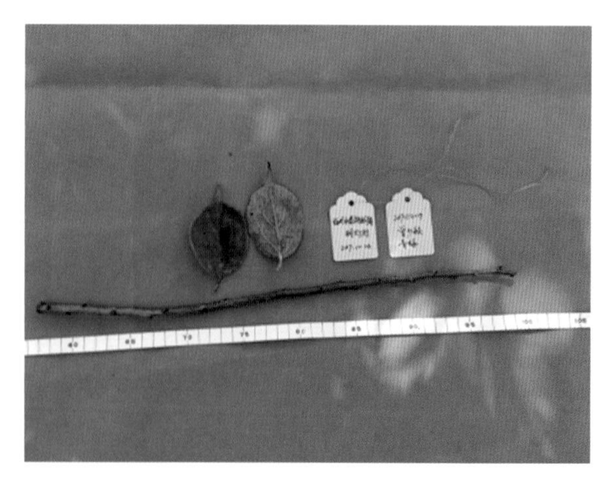

2017353019 龙眼梅

【作物类别】梅

【分类】蔷薇科杏属

【学名】*Armeniaca mume* Sieb.

【来源地】福建省福州市永泰县梧桐镇。

【分布范围】福建省福州市永泰县。

【农民认知】酸中带甜。

【优良特性】皮薄且有光泽，肉厚，核小，质脆细，汁多。

【适宜地区】适宜于福建、江西等省种植。

【利用价值】果近球形，果中等，果皮薄且有光泽，肉厚，核小，质脆细，汁多，酸度高，富含人体所需的多种氨基酸，具有酸中带甜的香味，富含果酸及维生素 C。

【主要特征特性】龙眼梅，属落叶性小乔木，成年龙眼梅树高达 4～5 m，胸径约 1.2 m。树皮青灰色。幼枝和嫩叶密被星状毛。聚伞圆锥花序，花小，白色。果近球形，果中等，果皮薄且有光泽，肉厚，核小，质脆细，汁多，酸度高，富含人体所需的多种氨基酸，具有酸中带甜的香味，特别是富含果酸及维生素 C，其半成品——干湿梅富有弹性，呈淡黄色，加工时果皮开裂，内含物不易流失。龙眼梅的生长周期与其他青梅品种近似，秋季为落叶期，冬季为花期，春夏季为叶期和果期。花期为 12 月至翌年 1 月，白花，花谢后结果，初结果时果实、叶片颜色为青色，农历四月下旬为成熟期，果直径为 2～2.5 cm，颜色呈淡黄色，味道酸，略苦。核近椭圆形，核硬，有核尖，表面不平。农历五月果色成熟，为黄色，味道酸中带甜。该品种较适种于亚热带夏湿冬干、温暖湿润的气候，属喜光植物；开花期、幼果期对温度要求严格，开花期要求 15 ℃以上的天数达到 30%；生育期和结果期要求有适度降水量，年降水量在 800～2 000 mm，龙眼梅才能茁壮生长、结果；对土壤要求为土层深厚、地下水位低、排水性能良好的壤土、沙壤土及黏壤土。

【濒危状况及保护措施建议】本品种在当地零星栽培，主要用以满足自家消费，虽然品质较好但市场认可度不高，建议加大品种保护推广力度。

（27） P350981002 福安穆阳水蜜桃

【作物类别】水蜜桃

【分类】蔷薇科桃属

【学名】*Amygdalus Persica* L.

【来源地】福建省宁德市福安市

【分布范围】闽南地区。

【农民认知】芳香，味浓甜。

【优良特性】高产，优质，抗虫，抗旱，广适，耐热。

【适宜地区】适宜于福建、浙江种植。

【利用价值】可鲜食，也可进行深加工，制成果酱、果汁和果酒等食品。

P350981002 福安穆阳水蜜桃

【主要特征特性】果实椭圆形或近圆形，单果重 110～160 g。果皮薄，易剥离，淡黄绿色，向阳面有大块鲜红晕，缝合线明显，果肉乳白色，果汁多，味浓甜（可溶性固形物含量 13%～16%），特别芳香。肉质柔软多汁，易消溶，可食率 87%～90%，粘核，每 100 g 果肉含维生素 C 10.0～20.0 mg。

【濒危状况及保护措施建议】福安穆阳水蜜桃已于 2011 年通过福建省农作物品种认定（闽认果 2011005），是福安本地的特色农产品，该品种在福安已有 180 多年的种植历史。作为福安的重要支柱产业，福安穆阳水蜜桃应推进产业化、规范化经营，提高加工水平，延长产业链条；应规范化选育水蜜桃品种，合理调整早、中、晚桃品种比例；应制定水蜜桃产品标准，加强特色品牌推广，拓宽营销渠道。

(28) 2017352001 闽侯苦桃

【作物类别】桃

【分类】蔷薇科桃属

【学名】*Amygdalus persica* L.

【来源地】福建省福州市闽侯县。

【分布范围】于福建省福州市闽侯县零星分布。

【农民认知】口感好，果肉较为细腻，带酸味，果实大小中等。

【优良特性】抗病、抗虫性强，短低温性能好，抗逆性强，晚熟，果实成熟期比一般短低温品种迟3个月。

2017352001 闽侯苦桃

【适宜地区】适宜于闽东地区种植。

【利用价值】该品种晚熟，可填补桃果市场空缺，可以利用该资源抗逆性强、短低温、晚熟的性状进行有针对性的杂交育种。

【主要特征特性】该资源是首次发现的栽培上百年的当地古老桃品种，基本能在野生条件下生长，抗病、抗虫性强，于3月初开花，每年都会结果，丰产，需冷量少，属于短低温性能比较好的品种。但该资源果实成熟较迟，在9月份陆续成熟，果实不大，单果重在70 g左右，果实卵圆形、白肉、有香味、皮薄，口感酸甜适口，肉质较为细腻，汁液较多。和本地其他桃品种相比开花早，但是成熟期较晚，本地一般短低温早开花品种在6月就陆续成熟，处于野生状态仍然正常结果，较丰产。通过嫁接后结果，与省内常见的短低温早熟品种相比，该资源短低温性能好、抗逆性更强，果实成熟期比一般短低温品种迟3个月。查询国内育种机构的相关报道，未发现类似品种，该资源是本次调查行动中在福建首次发现的抗逆性强、短低温、晚熟桃资源。

【濒危状况及保护措施建议】目前该种质只剩几株，处于失管状态，建议采集枝条嫁接保存繁殖。

(29) 2020359045 半男女

【作物类别】梨果

【分类】蔷薇科梨属

【学名】*Pyrus pyrifolia* Nakai

【来源地】福建省宁德市屏南县熙岭乡。

【分布范围】于福建省宁德市屏南县零星分布。

【农民认知】晚熟，食用口感好。

【优良特性】大果，优质，丰产性好。

【适宜地区】适宜于宁德、南平、三明等地区种植。

【利用价值】鲜食。

2020359045 半男女

【主要特征特性】单果重 408.33 g，纵径 8.46 cm，横径 9.51 cm，圆形；果皮绿黄色，阳面无晕；果心小、中位，5 心室；果肉白色，肉质极细、致密，汁液中，味酸甜；无香味，无涩味；含可溶性固形物 11.20%；品质上等，常温下可贮藏 15 d。树势强，树姿半开张，萌芽力强，成枝力中，丰产。一年生枝黄褐色；叶片椭圆形，叶长 11.92 cm，叶宽 7.02 cm，叶尖渐尖，叶基楔形；花蕾浅粉红色，每花序 5～8 朵花，平均 7.00 朵；雄蕊 14～18 枚，平均 16.30 枚；花冠直径 3.30 cm，果实 9 月中旬成熟。

【濒危状况及保护措施建议】建议异位妥善保存，可作为优异种质资源。

(30) 2020359009 建宁棕包梨

【作物类别】梨果

【分类】蔷薇科梨属

【学名】*Pyrus pyrifolia* Nakai

【来源地】福建省三明市建宁县溪源乡。

2020359009 建宁棕包梨

【分布范围】于福建省三明市建宁县零星分布。

【农民认知】晚熟，抗病。

【优良特性】大果，优质。

【适宜地区】适宜于闽北、闽西北地区种植。

【利用价值】鲜食。

【主要特征特性】单果重 506.5 g，纵径 9.55 cm，横径 10.1 cm，果为粗颈葫芦形；果皮绿黄色，阳面无晕；果心中、近萼端，6 心室；果肉白色，肉质中、疏松，汁液多，味酸甜，无香味，无涩味；含可溶性固形物 13.5%；品质上等，常温下可贮藏 15 d。树势强，树姿半开张，萌芽力强，成枝力中，丰产。一年生枝黄褐色；叶片圆形，长 13.8 cm，宽 9.5 cm，叶尖长尾尖，叶基宽楔形；花蕾白色，每花序 5～8 朵花，平均 5.1 朵；雄蕊 19～23 枚，平均 21.0 枚；花冠直径 3.3 cm。在福建建宁地区，果实 9 月中下旬成熟。

【濒危状况及保护措施建议】建议异位妥善保存，可作为优异种质资源。

(31) P350425010 黑老虎

【作物类别】黑老虎

P350425010 黑老虎

【分类】五味子科南五味子属

【学名】*Kadsura coccinea* (Lem.) A. C. Sm.

【来源地】福建省三明市大田县屏山乡。

【分布范围】福建省三明市。

【农民认知】味甜，有保健功效。

【优良特性】高产，优质，抗病，抗虫。

【适宜地区】适宜生长于福建龙岩、三明等地山区，在江西、湖南、广东、海南、广西、四川、贵州、云南等地及香港特别行政区也有分布。一般生于海拔 300～1 500 m 的山林中。

【利用价值】植株可用于观赏或园林绿化。果实成熟后味甜，可食用。

【主要特征特性】野生品种，叶革质，长圆形至卵状披针形，木质常绿藤本野生水果植物，果实球形，可食用、观赏、美化、绿化。

【濒危状况及保护措施建议】该资源为野生资源，目前该资源数量及种类日渐减少。为更好地保护黑老虎种质资源，一方面可在黑老虎种质优良、集中分布的地区建立原产地保护区或者保护廊道，或进行迁地保护，通过种质圃的作物品系、基因库中的试管苗、植物园或种子库中的种子等方式加以保存；另一方面，应加大对黑老虎的基础研究及创新利用，保证黑老虎资源的可持续利用。

(32) P350702017 南五味子

P350702017 南五味子

【作物类别】南五味子

【分类】五味子科南五味子属

【学名】*Kadsura coccinea* (Lem.) A. C. Sm.

【来源地】福建省南平市延平区。

【分布范围】福建省南平市。

【农民认知】味甜，有保健功效。

【优良特性】高产，优质，抗病，抗虫。

【适宜地区】适宜生长于福建龙岩、三明等地山区，在江西、湖南、广东、海南、广西、四川、贵州、云南等地及香港特别行政区也有分布。一般生于海拔 300～1 500 m 的山林中。

【利用价值】果成熟后味甜，可食；其根部可用以行气活血、消肿止痛、治胃病、治风湿骨痛、治跌打瘀痛，经采集后可将其切片、晒干入药；南五味子果形奇特，营养与药用价值高，集食用、观赏、美化、绿化及药用于一体，是优异的野生果树品种。

【主要特征特性】生于山地疏林中，属木质常绿藤本野生水果植物。藤常缠绕于大树上，长 3～6 m；茎下部匍伏土中，上部缠绕，枝圆柱形，棕黑色，疏生白色点状皮孔；果型为聚合果，表面似足球；形状新颖，果大有光泽，表纹似菠萝，垂吊如灯笼；果径 5～7 cm，果重 60～80 g，大果可达 100 g；幼果青色，后转成熟为紫黑色。

【濒危状况及保护措施建议】该资源为野生资源，目前该资源数量及种类日渐减少。为更好地保护南五味子种质资源，一方面可在南五味子种质优良、集中分布的地区建立原产地保护区或者保护廊道，也可进行迁地保护，通过种质圃的作物品系、基因库中的试管苗、植物园或种子库中的种子等方式加以保存；另一方面，应加大对南五味子的基础研究及创新利用，保证南五味子资源的可持续利用。

（33） P350423001 红枣

【作物类别】枣

【分类】鼠李科枣属

【学名】*Ziziphus jujuba* Mill.

【来源地】福建省三明市清流县余朋乡。

【分布范围】福建省三明市。

【农民认知】至今已种植 200 余年。主要以分株和嫁接繁殖。

【优良特性】优质，枣果甜、脆，高产，抗病，抗旱，耐贫瘠。

P350423001 红枣

【适宜地区】亚洲、欧洲和南北美洲常有栽培；适宜生长于海拔 1 700 m 以下的山区、丘陵或平原。中国广为栽培。

【利用价值】食用，保健药用。

【主要特征特性】成熟期为 8 月。

【濒危状况及保护措施建议】国内分布广泛，建议原位保护，同时异位妥善保存。

（34） P350124021 檀香橄榄

【作物类别】橄榄

【分类】橄榄科橄榄属

【学名】*Canarium album* Raeusch.

【来源地】福建省福州市闽清县梅溪镇。

【分布范围】闽江两岸。

【农民认知】属地方名优品种。檀香橄榄肉质清脆，纤维极少，香浓味甘，品质上乘，是橄榄中的优良鲜食品种之一，历史上曾作为宫廷贡品而声名远扬。该品种主要分布在海拔较低的闽江两岸，采用嫁接无性繁殖后代，其抗寒性较差，资源分布较少。

【优良特性】优质，高产，抗病虫，抗旱。

【适宜地区】适宜于福建省种植。

【利用价值】该品种主要用于鲜食与加工，鲜食具有抗菌消炎、清热利咽、解酒保肝、抗氧化等功效，是闽清三宝之一，常作为馈赠亲朋好友的佳品。

P350124021 檀香橄榄

【主要特征特性】该品种多年生，植株长势中等强健。叶为羽状复叶，总叶柄长约20 cm，有12～17片小叶互生或对生，小叶为椭圆形，羽状叶脉，中间叶脉偏斜，不对称，两旁有10～15对叶脉互生，叶柄较短。圆锥花序，粗短，长6.8～8.5 cm，属短花序类型。5月下旬抽生花序，5月中旬现蕾，5月下旬开花，花期35 d，成熟收获期12月中旬。果较小，卵圆形，中基部肥大，果皮光滑，青绿色，果基部圆平或微凹，有明显的褐色放射状条纹，俗名莲花座。单果重7～9 g，果核两头较尖，可食率较高。肉厚质脆，始尝稍带苦涩，嚼后清香甘甜，回味绵长。产量较高，一般成年单株产量为75～100 kg。

【濒危状况及保护措施建议】建议扩大种植面积，加强种质资源创新利用。

第二节 柑果类果树优异种质资源

（35） P350124020 渡口柚

【作物类别】柚

【分类】芸香科柑橘属

【学名】*Citrus maxima*（Burm.）Merr.

【来源地】福建省福州市闽清县梅溪镇。

【分布范围】福建省闽清县梅溪镇。

【农民认知】属闽清县地方传统优良品种，距今已有100多年的栽培历史。历史上多用高压繁育，主要分布在梅溪镇，曾为闽清县五大名果（雪柑、渡口蜜柚、橄榄、无核柿、芙蓉李）之一，现因种植结构的调整及环境的变迁，留存数量少，种质分布稀少。

P350124020 渡口柚

【优良特性】渡口柚果肉脆嫩、色白、汁多、酸甜适口、味浓香、籽少或退化。

【适宜地区】适宜于东南亚各国以及中国长江以南各地种植，最北限见于河南信阳及南阳一带。

【利用价值】该品种主要用于鲜食，因品质优、数量少，常成为市场抢手货。

【主要特征特性】属闽清县地方传统优良品种，距今已有100多年的栽培历史。历史上多用高压繁育，主要分布在梅溪镇，曾为闽清县五大名果（雪柑、渡口蜜柚、橄榄、无核柿、芙蓉李）之一，现因种植结构的调整及环境的变迁，留存数量少，种质分布稀少。该品种多年生，树冠自然圆头形，树姿开张较披垂，叶片卵形，长约10 cm，宽7 cm，叶翼倒心脏形，长约3 cm，宽约2 cm。成年树株产果50～75 kg。果实倒卵圆形，单果重600～1 200 g，顶部微凹，果基微陷，放射沟不明显，果皮淡黄色，光滑或稍粗糙，囊瓣肾形，13～14瓣。果肉汁胞呈棒状，果肉脆嫩、色白、汁多、酸甜适口、味浓香、籽少或退化。每果种子多在20粒以下，且多数为退化籽。果实在霜降至立冬期间成熟，品质优良。

【濒危状况及保护措施建议】本品种在当地零星栽培，建议加大品种保护及推广力度，扩大种植面积。

（36）P350721001 糯米柚

【作物类别】柚

【分类】芸香科柑橘属

【学名】*Citrus maxima*（Burm.）Merr.

【来源地】福建省南平市顺昌县元坑镇。

【分布范围】福建省南平市。

【农民认知】多汁，味甜。

【优良特性】优质，抗病，抗虫，耐寒。

【适宜地区】福建省。

【利用价值】鲜食，加工。

【主要特征特性】树冠呈圆头形，树势旺，半开张，枝梢浓绿。叶大，长椭圆形，叶尖钝尖，叶缘微波状，翼叶较大，倒心脏形，叶厚，色浓绿。花大，完全花，自交不亲和，需人工授粉。果梨形或长颈倒卵圆形。果顶平，平均单果重1.07 kg，皮光滑，黄色，中等厚，囊瓣长肾形，12～15瓣，中心柱小，果肉汁胞呈米黄色，柔嫩化渣，有糯性，蜜甜清香，汁多，核多。3月下旬初花，10月到11月中旬果实成熟。

P350721001 糯米柚

【濒危状况及保护措施建议】于20世纪80年代种植，果肉质地嫩糯，纤维感低，多汁，味甜且化渣，现仅存4棵。建议立即开展种质资源繁育与保存。

(37) P350625020 坂里龙柚

【作物类别】柚

【分类】芸香科柑橘属

【学名】*Citrus maxima* (Burm.) Merr.

【来源地】福建省漳州市长泰区坂里乡。

【分布范围】福建省漳州市长泰区。

【农民认知】优质，抗病。

【优良特性】坂里龙柚可食率大于50%，可溶性固形物10%～12%，每100 mL果汁含可滴定酸0.6 g以上，含维生素C 30 mg以上。

【适宜地区】适宜于广西、海南、广东、福建等沿海地区种植。

【利用价值】鲜食，加工。

P350625020 坂里龙柚

【主要特征特性】坂里龙柚是优质、早熟的柚子品种，果实成熟期一般在9月上中旬，中秋节前上市。坂里龙柚果实扁圆形，果肩微倾斜，果顶凹陷，果表黄绿色，囊瓣短梳型，果肉与囊瓣易剥离，果肉汁多、色白微黄，质地脆嫩化渣，酸甜适度，平均单果重约1 kg，自花不弃、混栽种子数较多，果实早熟，成熟期为9月中旬，为福建省最早熟蜜柚品种。

【濒危状况及保护措施建议】坂里龙柚主要分布于福建省漳州市长泰区坂里乡行政区内的6个行政村，包括新春村、坂新村、石格村、正达村、丹岩村、高层村。坂里龙柚地理坐标为北纬24°37′—24°44′，东经117°39′—117°49′，保护面积1 200 hm^2。地方政府可召开产品推销会，加大龙柚的宣传力度；可建立良种繁育基地，为生产提供更多优质种苗。

(38) P350982012 福鼎四季柚

【作物类别】柚

【分类】芸香科柑橘属

【学名】*Citrus maxima* (Burm.) Merr.

【来源地】福建省宁德市福鼎市前岐镇。

【分布范围】福建省宁德市福鼎市。

【农民认知】甜酸适口，风味佳，无异味，耐贮耐运，品质优。

P350982012 福鼎四季柚

【优良特性】高产，优质，抗旱，耐贮

耐运，皮薄籽少，气味芳香，肉嫩味美，清甜可口，营养丰富。

【适宜地区】适宜于闽东南地区栽培。

【利用价值】富含人体所必需的硒、锌等多种微量元素，具有药用和保健价值。福鼎四季柚属于中熟种，11 月上中旬采收时果味偏酸，采后果实具有后熟特性，耐贮性好，常温贮藏 1～2 个月后，从元旦至春节这段时期内果实品质最佳，此时果实内有机酸经后熟能转化为糖类，果质大大提高，这段时期内的果实还可补充全国晚熟柚类的不足。福鼎四季柚被授予优质农产品、全国性柚类评比金奖、福建省名牌农产品、地理标志保护产品、地理标志证明商标等荣誉称号。

【主要特征特性】福鼎四季柚在福鼎市已有 200 多年的栽培历史，现存百年老树 150 株，以一年四季都能开花结果而得名。通常春梢花结果产量大、品质佳，早夏花果为补充产量，秋冬花果则只能作药用，无食用价值。树冠半圆头形，冠幅 4～6 m，种后 3～4 年初果，亩产 1 500～2 500 kg。果实倒卵形，果形指数 1.1，单果重 750～1 500 g；果皮黄绿色，厚 1～1.5 cm，果面平滑，油胞细密，气味芳香；一季果果顶圆钝、微凸，二季果平或微凹；白皮层稍紧，果心实；种子无或少，多为瘪种；果肉淡红或白，脆、嫩、细，化渣，甜酸适口，风味佳，无异味；可溶性固形物 9%～13%，果汁量 41.5%～45.2%，可食率47%～62%，转化糖 7.8%～9.3%，含酸量 0.7%～0.9%，每 100 g 果肉含维生素 C 35～63 mg，富含人体所必需的硒、锌等多种微量元素，具有药用和保健价值。

【濒危状况及保护措施建议】地方政府可召开四季柚产品推销会，加大四季柚的宣传力度；可建立良种繁育基地，为生产提供更多优质种苗；科研单位可建立组培快繁工厂化育苗生产体系，培育无病毒苗木，为生产提供健康种苗；加强加工和药用成分的开发，以有利于综合利用。

（39） P350322013 度尾文旦柚

【作物类别】柚

【分类】芸香科柑橘属

【学名】*Citrus maxima*（Burm.）Merr.

【来源地】福建省莆田市仙游县度尾镇

【分布范围】福建省莆田市。

【农民认知】甜酸适度，清香爽口。

【优良特性】高产，优质。

【适宜地区】适宜于东南亚各国，以及中国长江以南各地种植，最北限见于河南信阳及南阳一带。

【利用价值】根、叶及果皮可入药，能消食化痰、理气散结。

P350322013 度尾文旦柚

【主要特征特性】度尾文旦柚系 1833 年由该镇举人吴登青以金华柚子为砧木，取本村莆仙戏名旦吴接母柚子的接穗，嫁接而成的品种；因是“文”举人与名“旦”共同培育出的优良柚子，故命名为“文旦柚”。度尾文旦柚现为中国地理标志产品，是莆田市的四大名果之一。果实扁球形或梨形，果重800 g左右；果肉气味芳香、肉嫩汁醇、甜酸适度、无籽少籽、清香爽口、风味独特。根、叶及果皮可入药，能消食化痰、理气散结。

【濒危状况及保护措施建议】分布广泛，保持现状即可。

（40） P350721011 芦柑

【作物类别】芦柑

【分类】芸香科柑橘属

【学名】*Citrus reticulata* 'Ponkan'

【来源地】福建省南平市顺昌县埔上镇。

【分布范围】福建省南平市。

【农民认知】口感细腻。

【优良特性】优质。

【适宜地区】适宜于台湾地区、福建南部地区、广东东部地区种植。

P350721011 芦柑

【利用价值】芦柑生长快，结果早，盛果期长，果实硕大，颜色鲜艳，皮松易剥，肉质脆嫩，汁多化渣，味道芳香甘美。芦柑有生津止渴、和胃利尿功效，也有理气健胃、燥湿化痰、下气止喘、散结止痛、促进食欲、醒酒及抗疟等多种功效。芦柑果皮和果渣可用于提炼果胶、酒精和柠檬酸，干残渣可作饲料，橘络富含营养又可作药。

【主要特征特性】变异株，果形扁而大，果皮薄，不浮皮，耐贮藏，口感细腻，品质好。

【濒危状况及保护措施建议】无濒危状况，建议常年种植。

（41） P350625001 长泰芦柑

【作物类别】柑橘

【分类】芸香科柑橘属

【学名】*Citrus reticulata* 'Ponkan'

【来源地】福建省漳州市长泰区岩溪镇

【分布范围】福建省漳州市。

【农民认知】果皮橙黄色至橙色，有光泽，中等厚，易剥皮。

【优良特性】高产，优质。

【适宜地区】适宜于台湾地区、福建南部地区及广东东部地区种植。

【利用价值】长泰芦柑是长泰的传统名果，素以高产优质著称。在20世纪80年代曾为长泰人民赢得了荣誉，为长泰农村经济的发展立下汗马功劳，被视为长泰的优势产业。

1979—1980年，长泰选送芦柑样品参加省农业厅举办的柑橘良种鉴定会并以优良的品质获得好评。以参选单株“长泰芦柑三号”为例，其平均单果重163.8 g，果皮厚0.24 cm，可溶性固形物含量达14.3%，含糖量12.5%，每100 g果肉含可滴定酸0.53 mg、维生素C 38.5 mg，全果可食部分占76.8%，且色、香、味颇具特色。长泰芦柑曾于1985年和1989年两次被评为全国优质水果。从此，长泰芦柑蜚声海内外，价格、产值、效益一路攀升。1994年，岩溪柑橘生产基地所产的长泰芦柑申请使用“绿色食品”标志，1995年经漳州市环境科学研究所对该基地的水质、大气、土壤及其果品取样检查结果均符合标准，1995年10月经中国绿色食品发展中心终审通过，并颁发了绿色食品标志使用证书。

P350625001 长泰芦柑

【主要特征特性】该品种树势强，树冠近圆筒形，分枝4～5级，枝干灰褐色，分枝角度较小，枝条较密。单身复叶，叶身与翼叶间有节，翼叶较小，叶片长椭圆形，叶尖渐尖，叶缘呈波状，叶基宽楔形，叶面浓绿光滑，油胞稍明显。完全花。在长泰区岩溪镇一般于2月下旬至3月上旬现蕾，3月下旬至4月上旬初花，4月中旬盛花，4月下旬末花。果实11月中旬至11月下旬成熟，果实横径多为6.0～7.5 cm，扁圆或高扁圆形，果顶微凹，多数8～11条放射状沟纹，柱痕较大，有的呈小脐，果基常有5～7个瘤状突起或呈放射条沟与棱起。果形指数0.70～0.77，单果重150～180 g。果皮橙黄色至橙色，有光泽，中等厚，易剥皮。囊瓣肥大，长肾形，9～10瓣，较易分离；汁胞倒卵形，橙色。种子多为10～14粒，长椭圆形，胚浓绿色，多胚。果实的可溶性固形物12.0%～14.0%，可滴定酸0.54%～0.70%，每100g果肉含维生素C 21.42～27.73 mg，可食率76.83%～79.54%。

【濒危状况及保护措施建议】无濒危状况，建议常年种植。

第三节　浆果类果树优异种质资源

(42) 2018351143 南靖柴蕉

【作物类别】香蕉

【分类】芭蕉科芭蕉属

【学名】*Musa nana* Lour.

【来源地】福建省漳州市南靖县。

【分布范围】分布在南北纬30°以内的地区。在中国，主要分布在南方热带亚热带诸省区。

【农民认知】味甜且香气浓郁。

【优良特性】适应性强，较耐低温，抗病，整年不用喷药。

【适宜地区】适宜于闽南地区种植。

【利用价值】抗枯萎病，可作为抗病材料。常食用香蕉有助消化、降血压等功效。

【主要特征特性】皮薄，质甜，味香，无芯。该品种植株高大，株高3～4 m，比天宝香蕉高1～2 m。果实瘦长，棱角明显，果皮较厚。果肉甜中带酸，果实中含有丰富的人体必需的氨基酸，具有消食通便的功效，特别适宜患病者、病愈后人群食用。

【濒危状况及保护措施建议】在当地有零星种植，难收集到，建议入种质资源库进行异位保存，同时可发展为当地特色深加工产品，促进该资源利用（该资源曾入选2018年十大优异农作物种质资源）。

2018351143 南靖柴蕉

（43） P350622023 莆美矮蕉

【作物类别】香蕉

【分类】芭蕉科芭蕉属

【学名】*Musa nana* Lour.

【来源地】福建省漳州市云霄县火田镇。

【分布范围】闽南地区。

【农民认知】该种植株不高但是挂果很大，果实香气宜人，口感润滑。

【优良特性】树体粗壮矮小，抗台风能力强，适宜于沿海地区种植。

【适宜地区】适宜于福建、广东、海南、广西等地种植。

P350622023 莆美矮蕉

【利用价值】植株矮，较抗风。

【主要特征特性】植株假茎高150 cm，假茎基部粗度44.2 cm，中部粗度40.8 cm，茎形比3.68，假茎锈褐色，吸芽靠近垂直，叶姿开张，叶长138 cm、宽66 cm，叶长宽比2.09，果穗很紧凑，最大梳果指数16，第三梳果指数14，果形微弯，株产24.6 kg，单果重286 g。

【濒危状况及保护措施建议】目前数量较少，建议加强矮蕉的品种选育工作，通过引种试验、示范推广，逐步实施规模化种植。

（44） 2018355014 余甘子

2018355014 余甘子

【作物类别】余甘子

【分类】大戟科叶下珠属

【学名】*Phyllanthus emblica* L.

【来源地】福建省漳州市诏安县四都镇。

【农民认知】本地品种，野生余甘子。

【优良特性】脱落枝长度可达 80 cm，较一般种质高 2～3 倍，产量高。

【适宜地区】适宜于广东、福建、广西等地种植。

【利用价值】以鲜食为主，亦可加工。

【分布范围】分布于中国、菲律宾、马来西亚、印度、斯里兰卡、印度尼西亚，以及部分中南半岛国家和南美洲各国；在中国分布于江西、福建、云南、广东、海南、广西、四川、贵州等地和台湾地区。生长于海拔 200～2 300 m 的山地疏林、灌丛、荒地或山沟向阳处。

【主要特征特性】脱落枝长度可达 80 cm，较一般种质高 2～3 倍，叶片深绿色、长圆形，果扁圆形。

【濒危状况及保护措施建议】野生品种，建议加大品种保护及推广力度。

（45） 2018355065 余甘子

2018355065 余甘子

【作物类别】余甘子

【分类】大戟科叶下珠属

【学名】*Phyllanthus emblica* L.

【来源地】福建省漳州市诏安县。

【主要特征特性】树势开张，果为圆形，果顶呈不规则凸起。

【农民认知】本地品种，野生余甘子。

【优良特性】耐贫瘠。

【适宜地区】适宜于广东、福建、广西等地种植。

【利用价值】以作遗传材料为主。果实可作药用，亦可鲜食或加工。

【分布范围】分布于中国、菲律宾、马来西亚、印度、斯里兰卡、印度尼西亚，以及部分中南半岛国家和南美洲各国；在中国分布于江西、福建、云南、广东、海南、广西、四川、贵州等地和台湾地区。生长于海拔 200～2 300 m 的山地疏林、灌丛、荒地或山沟向阳处。

【濒危状况及保护措施建议】本品种在当地零星栽培，建议加大品种保护及推广力度。

（46） P350521006 余甘子

【作物类别】余甘子

【分类】大戟科叶下珠属

【学名】*Phyllanthus emblica* L.

【来源地】福建省泉州市惠安县紫山镇。

【农民认知】高产，优质，广适，耐热。

【优良特性】果肉多汁，纤维少，品质优，产量高。

【适宜地区】适宜于广东、福建、广西等地种植。

【利用价值】以鲜食为主，亦可加工。

P350521006 余甘子

【分布范围】分布于中国、菲律宾、马来西亚、印度、斯里兰卡、印度尼西亚，以及中南半岛各国和南美洲各国；在中国分布于江西、福建、云南、广东、海南、广西、四川、贵州等地和台湾地区。生长于海拔 200～2 300 m 的山地疏林、灌丛、荒地或山沟向阳处。

【主要特征特性】种植历史悠久。树形较开张；茎干灰褐色，一年生枝条褐色，脱落枝上互生 13～18 对叶片；叶片矩圆形、绿色、叶尖钝并具小短尖；雄花为白色花瓣间有绿色条带；果实扁圆形、果顶微凹，果浅黄绿色，多锈斑；中果，最大单果重 13.5 g，平均单果重 7.6 g，可食率 92.1%；果肉多汁，纤维少，品质优；产量高，可年结二造果，10 月中旬至 11 月上旬成熟，属晚熟品系。

【濒危状况及保护措施建议】本资源在当地零星栽培，建议加大品种保护及推广力度。

（47） P350521009 野生甘 1 号

【作物类别】余甘子

【分类】大戟科叶下珠属

【学名】*Phyllanthus emblica* L.

【来源地】福建省泉州市惠安县紫山镇。

P350521009 野生甘 1 号

【分布范围】福建省泉州市。

【农民认知】黄绿色，味初酸涩，后变甘。

【优良特性】高产，优质，广适，耐热。

【适宜地区】适宜于广东、福建、广西等地种植。

【利用价值】以鲜食为主，亦可加工。盐水渍食用，亦供药用。能清热凉血、消食健脾、生津止渴。主治血热血瘀、消化不良、腹胀、咳嗽、喉痛、口干及维生素 C 缺乏症。

【主要特征特性】叶片椭圆形，中等大小；株高 3～4 m。果实富含维生素 C、B 族维生素和芦丁，还含有蛋白质、脂肪、果酸、单宁、钙、磷、钾和 17 种氨基酸等。

【濒危状况及保护措施建议】野生资源，建议加大品种保护及推广力度。

(48) P350521011 水柿

【作物类别】柿

【分类】柿树科柿树属

【学名】*Diospyros kaki* Thunb.

【来源地】福建省泉州市惠安县紫山镇。

【分布范围】福建省泉州市。

【农民认知】该植株有上百年树龄，果实软化后多汁。

【优良特性】耐热。

【适宜地区】适宜于福建、广东、广西、江西等地种植。

【利用价值】果可食用，果型适宜于制作柿饼。

【主要特征特性】落叶乔木，高可达 10 m 左右，树冠圆头形，树干通直度一般，分枝角度中，叶革质，倒卵形，果实中方扁圆形，果顶平，果粉较多，十字沟明显，未成熟时果皮为黄色，成熟后果肉橙红。10 月份为成熟期。

P350521011 水柿

【濒危状况及保护措施建议】建议将种质资源创新利用。

(49) P350822002 早红

【作物类别】柿

【分类】柿树科柿树属

【学名】*Diospyros kaki* Thunb.

【来源地】福建省龙岩市永定区大溪乡。

【分布范围】福建省龙岩市。

【农民认知】生长在福建永定。2月中旬萌芽，4月上旬始花，8月下旬至9月中旬为果实成熟期，是早熟品种，果实风味甘甜。

【优良特性】适应性强，较耐粗放管理。

【适宜地区】福建省柿产区均能种植。

【利用价值】鲜食或加工皆宜。

【主要特征特性】早红（早熟永定红柿）树势中庸偏强，树姿较直立，树形多为放任自然生长形，因树冠内膛光照较少，故有枝条自枯现象，树冠为自圆头形。29年生母树冠幅 12.35 m×13.27 m，树高 7.3 m。早红分枝力较弱，成枝力强，2～8年枝干灰褐色，成熟春梢浅褐色（比永定红柿浅），花斑排列比永定红柿稀，顶端生长点会自枯脱落，隐芽潜伏力强，易恢复更新，成熟叶面深绿色、有光泽，叶背灰绿色，叶略内卷，叶顶尖，基部窄，全缘，平均叶长 22.16 cm、宽 12.6 cm，呈纺锤形，叶脉轮廓分明。花朵较大，花瓣4瓣，白色，子房先膨大后开花，多呈单性结实，坐果率高，早花授粉后部分有种子。果实早花扁圆形，果顶略（宽）尖，迟花扁方形，果顶凹，平均单果重 185.3 g，最大单果重 250 g 以上，果实纵径 6.28 cm、横径 7.71 cm，纵横比 0.81。成熟果实果皮呈橙黄色、光滑、无网状花纹，外被果粉，果实横断面为圆形或方形，果肉中无褐斑，果柄细长，柿蒂留花托较大四瓣形，萼片大都斜伸、基部联合，宿存萼片大、三角形。果实后熟完呈深红色，外观亮丽，果肉橙红色，肉质黏稠、柔软致密、有弹性，粗纤维中少而短，可溶性固形物 17%，可溶性糖 12.96%，风味甜，有8个心室，有肉球，早花有少量种子，中晚花无种子，脱涩容易，品质优，鲜食或加工皆宜。

P350822002 早红

【濒危状况及保护措施建议】建议扩大种植面积，加强种质资源创新利用。

（50） 2020359072 山葡萄

【作物类别】葡萄

【分类】葡萄科葡萄属

【学名】*Vitis vinifera* L.

【来源地】福建省三明市沙县南阳乡。

【分布范围】福建省三明市。

【农民认知】味酸甜，果肉较软，果皮紫红色。

【优良特性】高产，抗病，抗虫抗旱，耐热，耐贫瘠。

【适宜地区】适宜于南方地区种植。

【利用价值】用于加工原料或选育种资源。

2020359072 山葡萄

【主要特征特性】山葡萄果穗呈圆柱形或圆锥形，有副穗，穗柄长，紧实，果粒长圆形，果皮紫红色，厚而韧，果粉较一般，果肉白色或黄绿色，味酸甜，果肉较软，具肉囊，不黏核；每果具种子1～3粒。平均果穗重350 g，平均果粒重5～6 g，可溶性固形物含量约15%。

【濒危状况及保护措施建议】在三明山区零星分布，建议异地保存或离体保存。

（51） 2020359073 土种葡萄

2020359073 土种葡萄

【作物类别】葡萄

【分类】葡萄科葡萄属

【学名】*Vitis vinifera* L.

【来源地】福建省泉州市德化县大铭乡。

【分布范围】土种葡萄，为当地世代相传种，多零星种植于房前屋后。

【农民认知】味酸，果肉较硬，果皮白色或黄绿色。

【优良特性】高产，抗病，抗虫，抗旱，耐热，耐贫瘠。

【适宜地区】适宜于南方地区种植。

【利用价值】用于作加工原料或作选育种资源。

【主要特征特性】果穗呈圆柱形或圆锥形，有副穗，穗柄长，紧实，果粒圆形，果皮白色或黄绿色，厚而韧，果粉较一般，果肉白色或黄绿色，味酸甜，果肉较硬，具肉囊，不黏核；每果具种子1～3粒。平均果穗重350 g，平均果粒重5～6 g，可溶性固形物含量约15%。

【濒危状况及保护措施建议】只有零星几株种植，建议异地保存或离体保存。

（52） P350981005 福安刺葡萄

P350981005 福安刺葡萄

【作物类别】葡萄

【分类】葡萄科葡萄属

【学名】*Vitis vinifera* L.

【来源地】福建省宁德市福安市穆云畲族乡。

【分布范围】福建省宁德市福安市。

【农民认知】味甜、果肉较软。

【优良特性】高产，优质，抗病，抗虫，抗旱，耐热，耐贫瘠。

【适宜地区】适宜于湖南、江西、福建、浙江、云南、贵州、四川、湖北等南方省区种植，常生长在海拔1 500 m以下的山坡、沟谷、杂林或灌丛中。

【利用价值】可鲜食，也可制成果酱、葡萄汁和葡萄酒等食品。

【主要特征特性】福安刺葡萄果穗呈圆柱形或圆锥形，有副穗，穗柄长，较松散，果粒长圆形，果皮黑紫色，厚而韧，果粉较厚，果肉黄绿色带紫红色晕，味甜，果肉较软，具肉囊，黏核；果刷粗、短，每果具种子3～4粒。平均果穗重115 g，平均果粒重3.1 g，可溶性固形物含量13%～16%。

【濒危状况及保护措施建议】福安刺葡萄是福建省宁德市福安市的特产，是全国农产品地理标志。目前除鲜食外，还开发了干红葡萄酒酿造产业。建议着重开展刺葡萄种质资源的研究、利用和开发。

(53) P350429007 野生（光）猕猴桃

【作物类别】猕猴桃

【分类】猕猴桃科猕猴桃属

【学名】*Actinidia chinensis* Planch.

【来源地】福建省三明市泰宁县新桥乡。

【分布范围】福建省三明市。

【农民认知】果肉绿色，有香味，酸甜适中，清香爽口。

【优良特性】优质，耐寒，高产，病虫害少，果实商品性好。

【适宜地区】适宜于福建、江西、浙江等地种植，生于海拔400～800 m的溪边或山谷丛林中。

P350429007 野生（光）猕猴桃

【利用价值】果甜，可食。

【主要特征特性】野生资源，每株产量30～50 kg，大型落叶藤本，枝褐色，有柔毛，髓白色，层片状。叶近似圆形，顶端钝圆或微凹，基部圆形至心形，边缘有芒状小齿，表面有疏毛，背面密生灰白色星状绒毛。浆果球形至矩圆形，横径约3 cm，密被黄棕色有分枝的短柔毛，其果实要比种植的猕猴桃略小，果肉绿色，有香味，果汁多，酸甜适中，清香爽口。

【濒危状况及保护措施建议】建议加强种质资源创新利用。

(54) P350111006 黄皮

【作物类别】黄皮果

【分类】芸香科黄皮属

【学名】*Clausena lansium* (Lour.) Skeels

【来源地】福建省福州市晋安区新店镇。

【分布范围】福建省福州市。

P350111006 黄皮

【农民认知】味道有的酸，有的甜，还有的甜中带酸。

【优良特性】高产，优质，耐贫瘠，抗旱。

【适宜地区】适宜于华南和西南地区种植。

【利用价值】甜黄皮果多作鲜食，酸黄皮果多用以加工果脯、果汁、果酱。黄皮果含丰富的维生素C、糖、有机酸及果胶，果皮及果核皆可入药，有消食化痰、理气的功效，可用于食积不化、胸膈满痛、痰饮咳喘等症，并可解郁热、理疝痛，叶性味辛凉，有疏风解表、除痰行气的功效，可用于防治流行性感冒、温病身热、咳嗽哮喘、水胀腹痛、疟疾、小便不利、热毒疥癞等症；其根可治气痛及疝痛。

【主要特征特性】小核无毛黄皮，小乔木，高可达12 m。在我国华南和西南地区广泛栽培，小叶卵形或卵状椭圆形，两侧不对称，圆锥花序顶生；花蕾圆球形，花萼裂片阔卵形，花瓣长圆形，花丝线状，果淡黄至暗黄色，果肉乳白色，半透明，种子1～4粒；4—5月开花，7—8月结果。黄皮果在中国已有1 500多年的历史，是中国南方果品之一。可在新店镇找到多个黄皮果品种，其中有酸的，有甜的，还有味甜带酸的。有60多年树龄的树，也有百年老树。由于销路不畅，黄皮果品种没有推广种植，因此市场份额不大，不过经济前景较好。

【濒危状况及保护措施建议】主要分布于广东、广西、福建、海南、台湾、云南等地，以零星种植为主，规模化、产业化生产较少，野生品种良莠不齐，无法形成产业经济效益。建议加强政策引导与扶持，开展黄皮果品种选育工作和规范化栽培技术、采后保鲜技术及深加工技术的研究。

（55）2017351058 榅桲

【作物类别】梨果

【分类】蔷薇科榅桲属

【学名】*Cydonia oblonga* Mill.

【来源地】福建省三明市明溪县瀚仙镇。

【分布范围】福建省三明市明溪县。

【农民认知】果实芳香，味酸。

【优良特性】喜光，耐高温，既不怕干旱，又不怕潮湿，在含沙粒丰富的肥沃壤土上栽培生长最为适宜，可耐盐碱土壤，对生存环境适应性强。

2017351058 榅桲

【适宜地区】适宜于中国新疆、陕西、江西、福建等地种植。

【利用价值】果实营养丰富，具有多种保健功能，可鲜食或晒干入药。主治温中、下气消食、除心间酸水及泻肠解酒等功效，具有较高的医疗保健价值。

【主要特征特性】榅桲，又称木梨，榅桲属仅榅桲一种，是古老珍奇稀少的果树之一，在明溪县俗称甘楂或香楂，果实营养丰富，具有多种保健功能，可鲜食或晒干入药。果实中含糖 10.58%（果糖 6.27%）、原果胶 4.7%、有机酸 1.22%（为苹果酸、河石酸、柠檬酸）和挥发油，果皮中含有使果实气味特殊的庚基乙基醚和壬基乙基醚。有温中、下气消食、除心间酸水及泻肠解酒等功效，具有较高的医疗保健价值。榅桲资源主要分布在瀚仙龙湖、坪地、花园和夏阳旦上等地的荒山野林中，现有种植面积 20 多 hm^2，树龄 200～300 年，是福建全省仅有的一片榅桲林。

【濒危状况及保护措施建议】本资源在当地零星栽培，主要用以满足自家消费，虽然品质较好但市场认可度不高，建议加大品种保护及推广力度。

第四节　坚果类果树优异种质资源

（56）P350402003 板栗

【作物类别】板栗

【分类】壳斗科栗属

【学名】*Castanea mollissima* Bl.

【来源地】福建省三明市三元区陈大镇。

【分布范围】福建省三明市。

【农民认知】果实富含淀粉，香甜可口，有健胃、强身健体功效，可作为零食食用，也是极好的做菜佐料。

【优良特性】抗旱，耐瘠薄，宜于山地栽培，管理方便，适合偏酸性土壤。

P350402003 板栗

【适宜地区】除青海、宁夏、新疆、海南等少数地区，国内其余地区在平地至海拔 2 800 m 的山地间均有分布。

【利用价值】坚果可食用；叶可养蚕；心材是优质木材；原木可做家装材料；枝、树皮和总苞含单宁，可提取栲胶。

【主要特征特性】株高 20 m，胸径 80 cm，树皮呈灰褐色，托叶长圆形，长 10～15 cm，被疏长毛及鳞腺。成熟壳斗的锐刺长短不一，疏密有致，壳斗连刺径 4.5～6.5 cm；坚果长 1.5～3.0 cm、宽 1.8～3.5 cm，花期 4—6 月，果期 8—10 月。

【濒危状况及保护措施建议】国内分布广泛，建议原位保护，同时异位妥善保存。

第四章
优异农作物种质资源——经济作物

第一节　茶树优异种质资源

（1）2018358040 漳平古茶（410 年）

【作物类别】茶树

【分类】山茶科山茶属

【学名】*Camellia sinensis*（L.）O. Kuntze

【来源地】福建省龙岩市漳平市南洋镇。

【分布范围】福建省龙岩市漳平市。

【农民认知】据当地老农介绍，这些野生茶树有开花无结果，开花时间与花形和其他茶树一样，均在农历十月间。野生茶略有水仙香气，味微苦，茶汤呈棕黄色，放置隔夜后茶水变黏稠。当地群众称它为"仙茶"，具有提神、暖胃、助消化之功效。

2018358040 漳平古茶（410 年）

【优良特性】优质，耐寒。

【适宜地区】适宜于福建省漳平市及气候条件与漳平市相似的茶区种植。

【利用价值】可作为茶树育种材料。茶性和而不寒，味甘甜，能生津止渴解暑，对腹泻、消化不良等胃肠疾病有特殊的疗效。

【主要特征特性】北寮石牛栋古茶树散布于悬崖峭壁或背阳的陡峭山坡。树姿均较直立，主干明显，多为单轴生长，分枝部位较高，为乔木或小乔木型，植株较高大，株高 13 m，树茬基部直径 66 cm。叶片长椭圆或椭圆形，叶面光滑，叶片深绿，叶面微隆起，叶质柔软，无茸毛。树皮较细致，多为灰白色或暗褐色。

【濒危状况及保护措施建议】该资源较稀有，已被列入"福建省古树名木保护"对象，除了制定行之有效的保护措施和管理办法，还须建立健全古茶树规范管理、规范标准、开展古茶树资源研究、对古茶树资源推行采养结合的合理采摘方式等系列的古茶树资源技术规范体系，推进古茶资源的有效利用和合理开发利用。

（2） 2018357001—005 蕉城区野生或半野生苦茶 1 号—5 号（近 200 年）

【作物类别】茶树

【分类】山茶科山茶属

【学名】*Camellia sinensis*（L.）O. Kuntze

【来源地】福建省宁德市蕉城区虎贝镇。

【分布范围】福建省宁德市蕉城区。

【农民认知】茶味苦，苦后回甘。

【优良特性】抗病虫性和抗逆性较强。

【适宜地区】适宜于闽东茶区或气候条件与闽东茶区相似的茶区种植。

2018357001—005 蕉城区野生或半野生苦茶 1 号—5 号（近 200 年）

【利用价值】福建省目前测得的具有较高苦茶碱含量的稀特茶树种质资源，可作为茶树育种材料加以利用，另因茶叶品质风味独特（具有苦味），具有开发特色苦茶产品的潜力和前景。

【主要特征特性】蕉城区野生茶树生长在蕉城区虎贝镇，土壤母质为由酸性花岗岩发育而来的酸性红黄沙壤，pH 5.7，熟化程度较高。野生茶树单株散生，树姿直立，乔木型，分枝较密，最高树高超 6 m，树幅超 5 m。大叶类，平均叶长 13 cm，平均宽4.7 cm；叶形长椭圆，叶尖渐尖，叶面隆起，光滑，叶色绿，叶齿深锐密（44～48 对），叶脉 9～10 对，春梢长度 18～22.6 cm，芽叶黄绿色。花冠大小 3 cm×3 cm，花萼 5 片，花瓣 6 瓣；花丝平均 222 枚，柱头 2～3 裂，雄蕊高于雌蕊，子房有茸毛，子房 3～4 室。结实率低，果皮黄褐色或绿褐色，果形肾形居多，果实大小 0.6～2.3 cm，种皮棕褐色，球形，种径大小 0.4～1.1 cm，平均百粒重 67.11 g。茶味苦，苦茶碱含量（25.0±0.06）g/kg，当地人称苦茶。有近 200 年的野生古茶树，当地农民于 20 世纪 50 年代开始采摘制茶。

【濒危状况及保护措施建议】建议迁地和就地同时保护。

（3） P350823003 上杭蛟潭古茶树（约 150 年）

【作物类别】茶树

【分类】山茶科山茶属

【学名】*Camellia sinensis*（L.）O. Kuntze

【来源地】福建省龙岩市上杭县步云乡。

【分布范围】福建省龙岩市上杭县步云乡。

【农民认知】当地农户每年春季采摘其嫩梢，手工加工成绿茶，滋味较苦涩。

P350823003 上杭蛟潭古茶树（约 150 年）

【优良特性】抗寒，耐贫瘠。

【适宜地区】上杭蛟潭古茶树生长于千米高山，较耐寒，适宜于中高海拔山区种植。

【利用价值】可作为较抗寒茶树品种选育资源材料，亦可作为紫芽茶树品种选育资源材料。其制茶品质特点尚待试验研究。

【主要特征特性】株高 3.72 m，树冠 5.01 m×4.81 m，主干整丛茶树基部老桩周长达 1.73 m，有 8 个分枝向上生长，其中最粗一枝基部主干周长达 40 cm；浅地表根系；芽叶紫色，叶长椭圆形，叶尖渐尖，锯齿明显，叶肉微隆起，叶脉明显。

【濒危状况及保护措施建议】该古茶树为上杭县步云乡发现古茶树群中植株最大的一株，该古茶树群共有 5 丛。由于该茶树群所处地域距村落较远，尚未采取隔离性保护措施，现已叮嘱当地村民进行就地保护，避免过度采摘或误伐。

（4） P350821023—26 长汀上湖古茶树群（圆叶种）

【作物类别】茶树

【分类】山茶科山茶属

【学名】*Camellia sinensis*（L.）O. Kuntze

【来源地】福建省龙岩市长汀县四都镇。

【分布范围】福建省长汀县。

【农民认知】久旱不雨仍生长茂盛，叶呈长椭圆形或椭圆形，叶色绿、有光泽。

【优良特性】抗旱，抗病，抗虫，耐贫瘠。

【适宜地区】适宜于长汀及气候类型与长汀相似的茶区以及江南茶区种植。

【利用价值】具有重大研究价值。

P350821023—26 长汀上湖古茶树群（圆叶种）

【主要特征特性】上湖茶树群系栽培型野生茶，生长在归龙山自然保护区的深山之中，久旱不雨仍生长茂盛，少有人工管理，不施化肥农药。茶树植株高大（最高主干高 3.4 m，树基部径粗 16 cm，树幅 2.8 m×2.5 m)，灌木或小乔木，树姿半开张，主干明显，分枝较密。叶片稍上斜状着生，叶长 4～12 cm、宽 2～5 cm，长椭圆形或椭圆形，叶色绿，有光泽，叶面平或微隆起，叶缘平或微波，叶身稍内折或平，叶基楔形，叶尖渐尖、钝尖或锐尖，叶齿稍钝浅密，叶质较肥厚，叶脉 5～7 对，色泽较深绿色，叶柄长 3～8 mm，无毛。

【濒危状况及保护措施建议】加强其鲜叶品质、制茶品质、加工工艺和生长环境保护等方面的科研工作，创建品牌，提升上湖茶的产品质量。古茶树群是分布于天然林中的野生古茶树及其群落，是半驯化的人工栽培的野生茶树和人工栽培的百年以上的古茶园（林）。建议科学合理采摘，每年采春茶一季，每枝留 12 片当年的新叶，避免强采造成树势衰老。

（5） P350721010 顺昌郭岩山野茶树群

【作物类别】茶树

【分类】山茶科山茶属

【学名】*Camellia sinensis*（L.）O. Kuntze

【来源地】福建省南平市顺昌县洋墩乡。

【分布范围】福建省南平市顺昌县。

【农民认知】茶水稠润度好、顺滑，茶叶耐泡。

【优良特性】优质，耐寒。

【适宜地区】适宜于福建省南平市顺昌县种植。

P350721010 顺昌郭岩山野茶树群

【利用价值】郭岩山茶博园按照武夷山传统制茶工艺已开发出“岐公”牌郭岩山·老枞茶。

【主要特征特性】顺昌县第一高峰郭岩山有一片“百年老枞”群，这片由 30 多株老茶树组成的“百年老枞”群，地处郭岩山海拔 1 383 m 绝顶——香台顶下的一个原始丛林荫蔽的山谷里。这里全年雾天在 260 d 以上，昼夜温差大。郭岩山野茶树树形大小不等、高矮不一，高者近 2 m、矮者不过 40 cm。由于岩层厚、土层薄，老枞群“适者生存”而演变出的最为显著的特征就是其枝干间长满像老榕树般的须根，以汲取雾气、露水等水分。郭岩山野茶树最明显的口感特征就是“苔味重、岩韵足、有木质感、兰香浓”。郭岩山老枞的百年沧桑孕育出极深的内涵，茶水稠润度好、顺滑，茶叶耐泡。

【濒危状况及保护措施建议】建议适度扩大种植面积。

（6） 2018354104 金锁匙

【作物类别】茶树

【分类】山茶科山茶属

【学名】*C. sinensis* cv. Jinsuoshi

【来源地】福建省南平市武夷山市。

【分布范围】原产于弥陀岩，岩山多有栽种。

【农民认知】有百年以上历史，20 世纪 80 年代以来，于武夷山有一定面积栽培，适宜制乌龙茶。

【优良特性】制乌龙茶品质优异，条索紧实，色泽绿褐润，香气高强鲜爽，滋味醇厚回甘。

【适宜地区】适宜于武夷山或与武夷山有相似自然环境的乌龙茶茶区种植。扦插繁殖力强，成活率高，抗寒性抗旱性较强。

【利用价值】可用于种质保存、研究与生产利用。

【主要特征特性】植株大小适中，树姿半开张，分枝密。叶片水平状着生。叶片长 7.0 cm，椭圆形，叶色绿，叶面较平，富光泽，叶质稍厚脆，叶齿密浅稍钝，叶尖钝尖，有小浅裂。芽叶黄绿色，有茸毛，节间较短。花冠直径 3.9 cm，花瓣 6～7 瓣。柱头比雄蕊稍长，3 裂。芽叶生育力强，发芽密，持嫩性强，春茶适采期为 4 月下旬。选择原种健壮的母树剪穗扦插，培育壮苗。选择土层深厚的园地种植，增施有机肥。幼龄期茶园铺草覆盖，及时定剪，培养丰产树冠。

【濒危状况及保护措施建议】仅少数茶农有种植，建议适当扩大种植面积。

2018354104 金锁匙

（7） 2018354015 正白毫

【作物类别】茶树

【分类】山茶科山茶属

【学名】*C. sinensis* cv. Zhengbaihao

【来源地】福建省南平市武夷山市。

【分布范围】原产于福建省南平市武夷山市岚谷乡，已有引种栽培。

【农民认知】茶树母株树龄百年，为现存最大的母株，该资源是通过引种其母株而来。

【优良特性】抗寒性、抗旱性较强。扦插繁殖力强，成活率较高。

【适宜地区】适宜于武夷山或与武夷山有相似自然环境的茶区种植。

2018354015 正白毫

【利用价值】可用于种质保存、研究与生产利用。

【主要特征特性】植株主干较明显，树姿较直立，分枝较密。叶片水平状着生。叶片长 6.7 cm，椭圆形，叶色深绿，有光泽，叶身较平张，叶质较厚软，主脉粗显，叶缘平直，叶齿较密浅锐，叶尖钝尖。芽叶淡绿色或黄绿色，茸毛特多。花冠直径 3.8 cm，花瓣 7～8 瓣。柱头与雄蕊平，3 裂。芽叶生育力强，发芽较密，持嫩性强。绿茶采摘期在清明前后，乌龙茶适采期为 4 月中旬。选择原种健壮的母树剪穗扦插，培育壮苗。选择土层深厚的园地种植，增施有机肥。幼龄期茶园铺草覆盖，及时定剪，培养丰产树冠。

【濒危状况及保护措施建议】仅极少数茶农零星种植，已很难收集到。建议适度扩大种植面积。

(8) 2018354016 红鸡冠

【作物类别】茶树

【分类】山茶科山茶属

【学名】*C. sinensis* cv. Hongjiguan

【来源地】福建省南平市武夷山市。

【分布范围】原产于福建省南平市武夷山市。

【农民认知】该资源是制乌龙茶的优异资源，为武夷山名丛之一。

【优良特性】抗寒性、抗旱性较强。扦插繁殖力较强，成活率较高。

【适宜地区】适宜于武夷山或与武夷山有相似自然环境的乌龙茶茶区。

【利用价值】可用于种质保存、研究与生产利用。

2018354016 红鸡冠

【主要特征特性】植株高大，树姿半开张，分枝密。叶片稍上斜状着生。叶片长6.2 cm，椭圆形或长椭圆形，叶色深绿富光泽，叶身稍平，叶面微隆，叶质较厚脆，主脉粗显，叶缘较平直，叶齿较密浅锐，叶尖渐尖或钝尖。芽叶紫红色。花冠直径3.8 cm，花瓣7～8瓣。柱头比雄蕊长，3裂。芽叶生育力强，发芽较密，持嫩性较强。春茶适采期为5月上旬。选择原种健壮的母树剪穗扦插，培育壮苗。选择土层深厚的园地种植，增施有机肥。幼龄期茶园铺草覆盖，及时定剪，培养丰产树冠。

【濒危状况及保护措施建议】仅少数茶农零星种植，已很难收集到。建议适当扩大种植面积。

(9) 2018354018 留兰香

【作物类别】茶树

【分类】山茶科山茶属

【学名】*C. sinensis* cv. Liulanxiang

【来源地】福建省南平市武夷山市。

【分布范围】原产于福建省南平市武夷山市。

【农民认知】该资源是制乌龙茶的优异资源，香气浓郁，有兰花香，味醇甘鲜。

【优良特性】制乌龙茶，品质优异。抗寒性、抗旱性强。扦插繁殖力强，成活率高。

【适宜地区】适宜于武夷山或与武夷山有相似自然环境的乌龙茶茶区种植。

【利用价值】可用于种质保存、研究与生产利用。

2018354018 留兰香

【主要特征特性】植株较高大，树姿半开张，分枝较密。叶片呈水平状着生。叶片长 6.0 cm，椭圆形，叶色深绿，叶身较平，叶面光滑，叶质厚脆，叶缘平，叶齿较稀浅锐，叶尖渐尖或钝尖。芽叶绿色，茸毛较多。花冠直径 5.2 cm，花瓣 6～7 瓣。柱头比雄蕊稍长，3 裂。芽叶生育力强，发芽密，持嫩性较强。春茶适采期为 5 月上旬。选择原种健壮的母树剪穗扦插，培育壮苗。选择土层深厚的园地种植，增施有机肥。幼龄期茶园铺草覆盖，及时定剪，培养丰产树冠。品质优异，香气浓郁似兰花香，滋味醇而甘鲜。

【濒危状况及保护措施建议】仅少数茶农零星种植，已很难收集到。建议适度扩大种植面积。

（10） 2018354036 瓜子金

【作物类别】茶树

【分类】山茶科山茶属

【学名】*C. sinensis* cv. Guazijin

【来源地】福建省南平市武夷山市。

【分布范围】原产于福建省南平市武夷山市。

【农民认知】该资源是制乌龙茶的优异资源，香气浓郁，滋味醇厚。

【优良特性】制乌龙茶，品质优异，香气浓郁细长，滋味醇厚鲜爽，岩韵显。抗寒性、抗旱性强。扦插繁殖力强，成活率较高。

【适宜地区】适宜于武夷山或与武夷山有相似自然环境的乌龙茶茶区种植。

【利用价值】可用于种质保存与研究。

【主要特征特性】植株中等，树姿半开张，分枝密。叶片呈水平状着生。叶片长6.9 cm，长椭圆形，叶色淡绿，叶身平，叶面微隆，叶质较脆，叶缘平，叶齿密浅，叶尖锐尖。芽叶淡紫绿色，呈稍背卷状。花冠直径 3.4 cm，花瓣 6～7 瓣。柱头比雄蕊稍长，3 裂。芽叶生育力中等，芽头密而整齐，持嫩性中等。春茶适采期为5月上旬。选择原种健壮的母树剪穗扦插，培育壮苗。选择土层深厚的园地种植，增施有机肥。幼龄期茶园铺草覆盖，及时定剪，培养丰产树冠。品质优异，香气浓郁似熟瓜囊香，滋味醇厚鲜爽。

【濒危状况及保护措施建议】由少数茶农零星种植，已很难收集到。建议异位妥善保存，同时可结合发展观光茶园，适度扩大种植面积。

2018354036 瓜子金

（11） 2018354039 半天妖

【作物类别】茶树

【分类】山茶科山茶属

【学名】*C. sinensis* cv. Bantianyao

【来源地】福建省南平市武夷山市。

【分布范围】原产于三花峰之第三峰绝顶崖上。

【农民认知】半天妖是武夷四大名枞之一，原产于三花峰之第三峰绝顶崖上，茶香独特，滋味浓厚回甘。

【优良特性】制乌龙茶，品质优异，香气馥郁似蜜香，滋味浓厚回甘，岩韵显。扦插繁殖力强，成活率高。香气独特，绿叶红镶边。

【适宜地区】适宜于武夷山或与武夷山有相似自然环境的乌龙茶茶区种植。

【利用价值】可用于种质保存、研究与生产利用。

2018354039 半天妖

【主要特征特性】植株较高大，树姿半开张，分枝密。叶片水平状着生。叶片长7.0 cm，椭圆形或长椭圆形，叶色浓绿或绿，叶面微隆起，主脉粗显，叶缘平，叶质较厚脆，叶齿稍钝浅稀，叶尖钝尖。芽叶紫红色，茸毛少，节间较短。花冠直径4.0 cm，花瓣6～7瓣。柱头比雄蕊稍长，3裂。芽叶生育力强，芽头密，持嫩性较强。春茶适采期为5月中上旬。选择原种健壮的母树剪穗扦插，培育壮苗。种植时选择土层深厚的园地种植，增施有机肥。幼龄期茶园铺草覆盖，及时定剪，培养丰产树冠。

【濒危状况及保护措施建议】由极少数茶农零星种植，已很难收集到。建议适度扩大种植面积。

(12) 2018354082 过山龙

【作物类别】茶树

【分类】山茶科山茶属

【学名】*C. sinensis* cv. Guoshanlong

【来源地】福建省南平市武夷山市。

【分布范围】原产于福建省南平市武夷山市。

【农民认知】该资源是制乌龙茶的优异资源，香气芬芳，滋味浓厚。

【优良特性】制乌龙茶品质优异，条索紧实，香气馥郁芬芳，滋味浓醇，岩韵显。扦插繁殖力较强，成活率较高。

【适宜地区】适宜于武夷山或与武夷山有相似自然环境的乌龙茶茶区种植。

【利用价值】可用于种质保存与研究。

2018354082 过山龙

【主要特征特性】植株大小适中，树姿半开张，分枝密。叶片呈水平状着生。叶椭圆形，叶色淡绿或绿色，有光泽，叶面平，叶缘平直，叶尖钝尖，叶齿密浅锐，叶质较厚脆。芽叶黄绿色，节间较短，有茸毛。花冠直径 3.4 cm，花瓣 6～7 瓣。柱头比雄蕊稍长，花柱 3 裂。芽叶生育力强，持嫩性较强，发芽密。春茶适采期为 4 月下旬。种植时选择土层深厚的园地，增施有机肥。幼龄期茶园铺草覆盖，及时定剪，培养丰产树冠。选择原种健壮的母树剪穗扦插，培育壮苗。

【濒危状况及保护措施建议】仅少数茶农零星种植，已很难收集到。建议适当扩大种植面积。

(13) 2018354084 玉井流香

【作物类别】茶树

【分类】山茶科山茶属

【学名】*C. sinensis* cv. Yujingliuxiang

【来源地】福建省南平市武夷山市。

【分布范围】原产于福建省南平市武夷山市。

【农民认知】该资源原产于内鬼洞，相传古时由天心永乐禅寺之寺僧选育并移植于此。制茶茶汤色泽乌褐润，兰花香气浓郁，滋味醇而甘甜。

【优良特性】制乌龙茶品质优异，条索紧实，香气馥郁芬芳，滋味浓醇，岩韵显。扦插繁殖力较强，成活率较高。

【适宜地区】适宜于武夷山或与武夷山有相似自然环境的乌龙茶茶区种植。

【利用价值】可用于种质保存、研究与生产利用。

【主要特征特性】植株大小适中，树姿较开张，分枝较密。叶片呈水平状着生。叶椭圆形或长椭圆形，叶色深绿，叶脉沉，叶面微波，叶身平张，叶缘平直，很少有微波，叶尖钝尖，叶齿较稀深锐，叶质厚软。芽叶黄绿色，稍背卷，茸毛少。花冠直径 3.7 cm，花瓣 6～7 瓣。花柱 3 裂，雌蕊高。芽叶生育力强、持嫩性强，发芽稍稀。春茶适采期为 5 月初。

【濒危状况及保护措施建议】仅少数茶农零星种植，已很难收集到。建议适当扩大种植面积。

2018354084 玉井流香

（14） 2018354028 鹰桃

【作物类别】茶树

【分类】山茶科山茶属

【学名】*C. sinensis* cv. Yingtao

【来源地】福建省南平市武夷山市。

【分布范围】原产于福建省南平市武夷山市。

【农民认知】该资源是制乌龙茶的优异资源，原产于武夷山九龙窠。

【优良特性】扦插繁殖力强，成活率较高。

【适宜地区】适宜于武夷山或与武夷山有相似自然环境的乌龙茶茶区种植。

【利用价值】可用于种质保存、研究与生产利用。

【主要特征特性】植株大小适中，树姿半开张，分枝较稀，叶片呈水平状着生。叶椭圆形或长椭圆形，叶色青绿，叶面光滑，叶脉稍沉，叶身内折，叶尖渐尖，叶齿稀浅

2018354028 鹰桃

稍锐，叶质厚脆，叶尾稍弯曲，芽叶黄绿色。花冠直径 3.8 cm，花瓣 7 瓣，花柱 3 裂。芽叶生育力强，发芽密，持嫩性较强。春茶适采期为 4 月下旬末。选择原种健壮的母树剪穗扦插，培育壮苗。种植时选择土层深厚的园地，增施有机肥。幼龄期茶园铺草覆盖，及时定剪，培养丰产树冠。

【濒危状况及保护措施建议】仅少数茶农零星种植，已很难收集到。建议适当扩大种植面积。

(15) 2018354081 仙女散花

【作物类别】茶树

【分类】山茶科山茶属

【学名】*C. sinensis* cv. Xiannvsanhua

【来源地】福建省南平市武夷山市。

【分布范围】原产于福建省南平市武夷山市。

【农民认知】该资源母株原产于武夷山天游峰麻石坑，是制乌龙茶的优异资源，容易采摘，持嫩性较强。

2018354081 仙女散花

【优良特性】扦插繁殖力强，成活率较高。

【适宜地区】适宜于武夷山或与武夷山有相似自然环境的乌龙茶茶区种植。

【利用价值】可用于种质保存、研究与生产利用。

【主要特征特性】植株较高大，树姿较开张，主干较明显。叶片呈稍上斜状着生。叶椭圆形，叶色绿或黄绿，叶面微隆起，叶缘平直，叶身稍平，叶尖钝尖，叶齿较密浅锐，叶质较厚脆。芽叶黄绿色或微紫色。花冠直径 4.0 cm，花瓣 6～7 瓣，花柱较长，3 裂。芽叶生育力强，着芽密度稍疏，较肥壮，持嫩性较强。春茶适采期为 4 月下旬。种植时选择土层深厚的园地，增施有机肥。幼龄期茶园铺草覆盖，及时定剪，培养丰产树冠。选择原种健壮的母树剪穗扦插，培育壮苗。

【濒危状况及保护措施建议】仅少数茶农零星种植，已很难收集到。建议适当扩大种植面积。

(16) 2018354025 正本大红袍

【作物类别】茶树

【分类】山茶科山茶属

【学名】*C. sinensis* cv. Dahongpao

【来源地】福建省南平市武夷山市。

【分布范围】原产于福建省南平市武夷山市，20 世纪 80 年代以来，正本大红袍在武夷山已有一定面积栽培。

【农民认知】有较全面的了解。品质优异，香气高雅、清幽馥郁芬芳，味似桂花香，滋味醇厚回甘。

【优良特性】 制乌龙茶，外形条索紧结、色泽乌润、匀整、洁净，内质香气浓长，滋味醇厚、回甘、较滑爽，汤色深橙黄，叶底软亮，朱砂色明显。抗旱、抗寒性较强。扦插繁殖力强，成活率高。

【适宜地区】 适宜于武夷山或与武夷山有相似自然环境的乌龙茶茶区种植。

【利用价值】 可用于种质保存与生产利用。

【主要特征特性】 植株中等大小，树姿半开张，分枝较密。叶片呈稍上斜状着生，椭圆形，叶色深绿，有光泽，叶面微隆，叶身或稍内折，叶齿锐度中、密度中、深度浅，叶缘平或微波状，叶尖钝尖、略下垂，叶质较厚脆。于福安市调查，知始花期通常在10月上旬，盛花期为10月下旬，开花量多，结实率高。春季萌发迟，芽叶生育能力较强，发芽较密、整齐，持嫩性强，淡绿色，茸毛较多，一芽二叶，百芽重80.0 g。产量中等，每亩产乌龙茶干茶100 kg以上。树冠培养采大养小，采高留低，打顶护侧。成龄茶园重施和适当早施基肥，注重茶园深翻、客土。

2018354025 正本大红袍

【濒危状况及保护措施建议】 于武夷山已有一定种植面积。

（17） 2018354041 火石坑野生茶

【作物类别】 茶树

【分类】 山茶科山茶属

【学名】 *Camellia sinensis* （L.） O. Kuntze

【来源地】 福建省南平市武夷山市岚谷乡。

【分布范围】 原产于武夷山市岚谷乡。

【农民认知】 高山野生茶树，为闽北最大的野生茶树群，最小树龄的野茶树是清代栽培的。因为常年自然生长在武夷山的高海拔地区，无法人工种植，采摘极为不便，故产量稀少。

2018354041 火石坑野生茶

【主要特征特性】植株大小适中，灌木型，树姿半开张，分枝较密。叶片呈水平状着生，叶长 7.5 cm，叶宽 3.6 cm，叶片椭圆形，叶片横切面形态背卷，叶色绿，叶面微隆，富光泽，叶缘波折无或弱，叶质较软，叶齿密浅锐，叶尖钝尖，有小浅裂。芽叶紫绿色，有茸毛，节间较短。花冠直径 3.9 cm，花瓣 6～7 瓣。柱头比雄蕊稍长，3 裂。芽叶生育力较强，发芽较密，持嫩性较强，春茶适采期 4 月中下旬。

【优良特性】扦插繁殖力较强，抗寒、抗旱性较强。

【适宜地区】适宜于武夷山或与武夷山有相似自然环境的乌龙茶茶区种植。

【利用价值】可饮用，也可用于茶树新品种选育或间接为茶树遗传改良提供优良基因来源。

【濒危状况及保护措施建议】野生资源，仅有少数茶农种植，建议采集枝条嫁接保存繁殖，适当扩大种植面积。

（18） 2018354031 百岁香

【作物类别】茶树

【分类】山茶科山茶属

【学名】*C. sinensis* cv. Baisuixiang

【来源地】福建省南平市武夷山市兴田镇。

【分布范围】福建省南平市武夷山市。

【农民认知】该资源原产于武夷山慧苑岩，属武夷岩茶名枞，岩壁上刻有“百岁香”三个字，古时单独垒石壁壅土栽培。花树母株有几百年的历史，其树姿长势旺盛，高 3.2 m，宽幅约 3.5 m，远看形如一把大雨伞，其产量最高时近 2 kg。

【优良特性】扦插繁殖力较强，成活率较高。

【适宜地区】适宜于武夷山或与武夷山有相似自然环境的乌龙茶茶区种植。

【利用价值】可用于种质保存与生产利用。

2018354031 百岁香

【主要特征特性】植株高大，树姿半开张，分枝较密。叶片水平状着生。叶长椭圆形，叶色深绿富光泽，主脉粗显，叶面微隆起，叶缘平或微波，叶身稍平，叶尖渐尖或钝尖，叶齿稍稀浅锐，叶质较厚脆。芽叶黄绿色。花冠直径 3.9 cm，花瓣 6～7 瓣。柱头比雄蕊稍长，3 裂。芽叶生育力强，着芽密度较密，较肥壮，持嫩性强。春茶适采期为 5 月上旬初。选择原种健壮的母树剪穗扦插，培育壮苗。选择土层深厚的园地种植，增施有机肥。幼龄期茶园铺草覆盖，及时定剪，培养丰产树冠。香气浓郁清长，味醇厚，绿叶红镶边。

【濒危状况及保护措施建议】仅少数茶农零星种植，已很难收集到。建议适当扩大种植面积。

（19） 2018354035 胭脂柳

【作物类别】茶树

【分类】山茶科山茶属

【学名】*C. sinensis* cv. Yanzhiliu

【来源地】福建省南平市武夷山市兴田镇。

【分布范围】福建省南平市武夷山市。

【农民认知】该资源原产于武夷山北斗峰，属本地种，特晚生种，是制乌龙茶的优异资源，香味特殊，味醇甘鲜。

【优良特性】制乌龙茶品质优，条索细而紧实，特殊香型，芳香幽远，滋味醇厚甘鲜，岩韵显。扦插繁殖力较强，成活率较高。

2018354035 胭脂柳

【适宜地区】适宜于武夷山或与武夷山有相似自然环境的乌龙茶茶区种植。

【利用价值】可用于种质保存与生产利用。

【主要特征特性】植株中等大小，树姿半开张，分枝较密。叶片呈水平状着生。叶长椭圆形，叶色深绿，叶缘平或微波，叶身较平张，叶脉稍沉，叶面有凹凸，叶尖渐尖，叶齿密浅锐，叶质较厚软。芽叶紫红色，背有茸毛。花冠直径 3.8 cm，花瓣 6～7 瓣，较开张或稍背卷。柱头比雄蕊稍长，3 裂。芽叶生育力强、持嫩性强，发芽密。春茶适采期为 5 月中旬。选择原种健壮的母树剪穗扦插，培育壮苗。选择土层深厚的园地种植，增施有机肥。幼龄期茶园铺草覆盖，及时定剪，培养丰产树冠。品质优，香味特殊，滋味醇厚甘鲜。

【濒危状况及保护措施建议】仅少数茶农零星种植，已很难收集到。建议适当扩大种植面积。

（20） 2018354026 金桂

【作物类别】茶树

【分类】山茶科山茶属

【学名】*C. sinensis* cv. Jingui

【来源地】福建省南平市武夷山市。

【分布范围】福建省南平市武夷山市。

【农民认知】武夷山珍贵名枞之一，原产于武夷山白岩莲花峰，相传已有近百年

2018354026 金桂

的历史，主要分布于武夷山内山（岩山）。该资源的适应性很强，引种外地表现良好，生长势旺盛。

【优良特性】 抗旱、抗寒性强，扦插繁殖力强，成活率高。

【适宜地区】 适宜于武夷山或与武夷山有相似自然环境的乌龙茶茶区种植。

【利用价值】 可用于种质保存与生产利用。

【主要特征特性】 植株中等大小，树姿半开张，分枝较稀。叶片呈水平状着生。叶卵圆形，叶色绿富光泽，叶缘平，叶身平或稍背卷，叶面微隆，叶尖圆尖或钝尖，叶齿密浅锐，叶质较厚脆。芽叶黄绿色或紫绿色，有茸毛。花冠直径 4.2 cm，花瓣 7～9 瓣。柱头与雄蕊等长，3 裂。芽叶生育力强，发芽密度较稀，持嫩性较强。春茶适采期为 5 月上旬。选择土层深厚肥沃、排灌条件好的土地栽培。

【濒危状况及保护措施建议】 由少数茶农零星种植。建议适当扩大种植面积。

（21） 2018354033 雀舌

【作物类别】 茶树

【分类】 山茶科山茶属

【学名】 *C. sinensis* cv. Queshe

【来源地】 福建省南平市武夷山市。

【分布范围】 福建省南平市武夷山市。

【农民认知】 雀舌是武夷山名茗，因形状小巧似雀舌而得名，其香气极独特浓郁，其母株原产于武夷山九龙窠，20 世纪 80 年代初，从大红袍第一丛母株中经有性后代选育而得。

2018354033 雀舌

【优良特性】 制乌龙茶品质优异，条索紧实，制优率高，香气馥郁芬芳幽长，滋味醇厚甘甜，岩韵显。扦插繁殖力强，成活率高。

【适宜地区】 适宜于武夷山或与武夷山有相似自然环境的乌龙茶茶区种植。

【利用价值】 可用于种质保存与生产利用。

【主要特征特性】 植株中等大小，树姿较直立，分枝密。叶片呈稍上斜状着生。叶披针形，叶色深绿，叶缘微波，叶身稍内折，叶脉显，叶尖锐尖，叶齿细密深锐，叶质厚脆。芽叶紫绿色。花冠直径 3.5 cm，花瓣 6 瓣，雌蕊高，柱头 3 裂。芽叶生育力中等，发芽密度较密，持嫩性强。春茶适采期为 5 月中旬。选择土层深厚肥沃、排灌条件好的土地栽培，适当缩小行距，合理密植。

【濒危状况及保护措施建议】 由少数茶农零星种植。建议适当扩大种植面积。

（22） 2018354030 正太阳

【作物类别】茶树

【分类】山茶科山茶属

【学名】*C. sinensis* cv. Zhengtaiyang

【来源地】福建省南平市武夷山市。

【分布范围】福建省南平市武夷山市。

【农民认知】原产于武夷山慧苑岩，叶色浓绿，芽叶绿带紫红色，适制乌龙茶，品质优良。

【优良特性】扦插繁殖力较强，成活率较高。

【适宜地区】适宜于武夷山或与武夷山有相似自然环境的乌龙茶茶区种植。

【利用价值】种质保存与生产利用。

2018354030 正太阳

【主要特征特性】植株较高大，树姿较直立，分枝较密。叶片呈水平状着生。叶近圆形或椭圆形，叶色深绿，叶缘平直，叶身稍内折，叶面富光泽，叶尖圆钝，叶齿密浅稍锐，叶质厚脆。芽叶绿色，肥壮，有茸毛。花冠直径 4.0 cm，花瓣 6～7 瓣，柱头比雄蕊稍长，3 裂。芽叶生育力强，发芽密，产量高，持嫩性较强。春茶适采期为 4 月下旬。香气浓郁清长，味醇厚，绿叶红镶边。选择土层深厚肥沃、排灌条件好的土地栽培，合理密植。

【濒危状况及保护措施建议】由少数茶农零星种植。建议适当扩大种植面积。

（23） 2018354023 醉贵妃

【作物类别】茶树

【分类】山茶科山茶属

【学名】*C. sinensis* cv. Zuiguifei

【来源地】福建省南平市武夷山市。

【分布范围】福建省南平市武夷山市。

【农民认知】该资源原产于武夷山内鬼洞，属特晚生种。

【优良特性】扦插繁殖力较强，成活率较高。

【适宜地区】适宜于武夷山或与武夷山有相似自然环境的乌龙茶茶区种植。

2018354023 醉贵妃

【利用价值】可用于种质保存与生产

利用。

【主要特征特性】植株较高大，树姿较开张，分枝较密。叶片呈水平状着生。叶长椭圆形或椭圆形，叶色深绿，叶缘平直，叶身平张，叶面平，叶尖渐尖或钝尖，叶齿钝密浅，叶质厚脆。芽叶黄绿色。花冠直径 3.6 cm，花瓣 6～7 瓣。柱头比雄蕊稍长，3 裂。芽叶生育力较强，发芽较密，持嫩性较强。春茶适采期为 5 月中旬。选择土层深厚肥沃、排灌条件好的土地栽培，合理密植。

【濒危状况及保护措施建议】由少数茶农零星种植。建议适当扩大种植面积。

（24） 2018354034 老君眉

【作物类别】茶树

【分类】山茶科山茶属

【学名】*C. sinensis* cv. Laojunmei

【来源地】福建省南平市武夷山市。

【分布范围】福建省南平市武夷山市。

【农民认知】该资源原产于武夷山九龙窠，相传源于清朝，由天心永乐禅寺一寺僧选育，并单独管理采制，1980 年由该寺僧的弟子（俗名“妹仔”，为当时综合农场守护大红袍的职工）指引，在原种植处扦插得幸存原始母株。该资源是武夷岩茶中的珍贵资源之一，现已被定为扩大示范的名枞。

2018354034 老君眉

【优良特性】扦插繁殖力较强，成活率较高。

【适宜地区】适宜于武夷山或与武夷山有相似自然环境的乌龙茶茶区种植。

【利用价值】可用于种质保存与生产利用。

【主要特征特性】植株中等大小，树姿半开张，分枝较密。叶片呈水平状着生。叶长椭圆形，叶色深绿光亮，叶缘平或微波，叶身较平张，叶面平，叶尖钝尖，叶齿较钝稀浅，叶质厚硬。芽叶绿色或淡黄绿色，有茸毛。花冠直径 3.0 cm，花瓣 7～8 辨。柱头比雄蕊稍长，3 裂。芽叶生育力强，发芽密，持嫩性强。春茶适采期为 4 月下旬。选择土层深厚肥沃、排灌条件好的土地栽培。

【濒危状况及保护措施建议】由少数茶农零星种植。建议适当扩大种植面积。

（25） P350583001 南安石亭绿茶

【作物类别】茶树

【分类】山茶科山茶属

【学名】*Camellia sinensis*（L.）O. Kuntze

【来源地】福建省泉州市南安市丰州镇。

【分布范围】福建省泉州市。

【农民认知】茶果饱满。

【优良特性】优质，抗病，耐热。

【适宜地区】适宜于福建省种植。

【利用价值】可用于种质保存、研究与生产利用。

P350583001 南安石亭绿茶

【主要特征特性】茶树高约 1.4 m，茶果饱满；主要用途为制茶冲泡饮用；优异特性为优质、抗病、耐热。平均株高为 1.5 m；通常每年 5 季（春茶 4 月上旬，秋茶 10 月上旬收获）；虫病害为小绿叶蝉、蚜虫、螨荚；土壤类型为沙质土；数量少，产量一年不到 2 500 kg；扎根较深。茶历史悠久，具 1 600 多年历史，最初以作为药茶为主。

【濒危状况及保护措施建议】建议加强就地保护与种质筛选示范。

（26） P350721008 紫山红茶

【作物类别】茶树

【分类】山茶科山茶属

【学名】*Camellia sinensis*（L.）O. Kuntze

【来源地】福建省南平市顺昌县建西镇。

【分布范围】福建省南平市。

【农民认知】叶色紫红，是制红茶的优异资源。

【优良特性】优质。

【适宜地区】适宜于顺昌及气候类型与顺昌相似的茶区种植。

P350721008 紫山红茶

【利用价值】可用于种质保存、研究与生产利用。

【主要特征特性】茶叶紫红色，制红茶香水均好，品质好，是不可多得的优异资源。

【濒危状况及保护措施建议】建议加强就地保护与集中建圃保存，加强适制性研究。

（27） P350784007 小湖水仙

【作物类别】茶树

【分类】山茶科山茶属

【学名】*C. sinensis* cv. Fujian－shuixian

【来源地】福建省南平市建阳区小湖镇。

【分布范围】原产于福建省建阳区小湖镇，主要分布在福建北部、南部茶区。20世纪60年代后，福建全省和浙江、广东、安徽、湖南、四川等省有引种。

【农民认知】对乌龙茶茶区等有较全面认知。

【优良特性】优质，抗旱，耐贫瘠，适制乌龙茶、红茶、绿茶、白茶，品质优。制乌龙茶，条索肥壮，色泽乌绿润，香高长，味醇厚，回味甘爽；制红茶、绿茶，条索肥壮，白毫显，香高味浓；制白茶，芽壮毫多色白，香味清醇。扦插繁殖力强，成活率高。抗寒性、抗旱性较强。选择土层深厚的园地种植，增加种植密度，及时定剪3～4次，促进分枝，提高发芽密度。

【适宜地区】适宜于江南茶区及与江南茶区有相似气候条件的茶区种植。

P350784007 小湖水仙

【利用价值】为国家地理标志证明商标。其生产历史已有近200年，已形成了一整套较为完善的生产加工工艺，有很好的市场声誉。早在1910年，小湖水仙茶就获南洋劝业会金质奖；1914年又获巴拿马展览品赛会一等奖；1926年大湖著名茶艺大师、茶业巨子黄秉镛先生所精制的“金凤岩水仙”在闽北产茶区域茶叶赛会上获唯一的茶树良种优等奖。时任福建省省长萨镇冰亲书“武彝0”金匾赠送，小湖水仙名扬天下。小湖镇地处建阳东部，南浦溪畔，距城区22 km，205国道线纵穿小湖镇，素有“水仙茶故乡”之称。目前，全镇共有茶田350多hm^2，年产毛茶近万担。初入小湖镇，在205国道路口处便能看到茶界泰斗、百岁老人张天福为小湖镇题写的“水仙茶发源地”六个大字。

【主要特征特性】植株高大，树姿半开张，分枝稀，叶片呈水平状着生。叶椭圆或长椭圆形，叶色深绿，叶面平，富光泽，叶缘平，叶身平，叶尖渐尖，叶齿较锐、密，叶质厚、硬脆。芽叶淡绿色，茸毛多，较肥壮，一芽三叶百芽重112.0 g。花冠直径3.7～4.4 cm，花瓣6～8瓣。子房茸毛多，花柱3裂。芽叶生育力较强，持嫩性较强。一芽三叶盛期在4月下旬。产量较高，春茶一芽二叶干样约含氨基酸2.6%、茶多酚25.1%、儿茶素总量16.6%、咖啡碱4.1%。

【濒危状况及保护措施建议】已在乌龙茶生产中大面积推广应用。

第二节　木薯优异种质资源

（28） P350626020 黄肉木薯

【作物类别】木薯

【分类】大戟科木薯属

【学名】*Manihot esculenta* Crantz

【来源地】福建省漳州市东山县。

【分布范围】于福建省漳州市东山县西埔镇零星分布。

【农民认知】优质，抗病。

【优良特性】淀粉含量高达 37.38%，茎秆直立不易倒伏，块根水平生长容易采收作业。

【适宜地区】适宜于广西、海南、广东、福建、浙江等沿海地区种植，于无霜冻区种植更佳。

P350626020 黄肉木薯

【利用价值】可用于淀粉加工，制作米粿。

【主要特征特性】株型直立，无分枝，茎有三分叉，幼茎呈 Z 字形生长，嫩茎颜色浅绿色，成熟主茎的中下部外皮黄褐色、内皮颜色浅绿色；顶端未完全展开叶的颜色为紫色，嫩叶无茸毛，第一片完全展开叶的颜色为紫绿色，叶脉颜色浅红色，成熟中间裂片叶形呈拱形，叶片的裂叶数为 5 或 7，中间裂叶长 18.5 cm、宽 3.4 cm，叶柄颜色红带乳黄色，叶柄长度为长形，花青素分布在叶柄中间部分，叶柄痕中度突起，不开花结籽。块根水平伸长，结薯分散，烂根率低，块根数 11 条，块根圆锥或圆柱形、无缢痕、表皮粗糙，块根直径中等，块根外皮红褐色、内皮黄色，块根肉质白色或乳黄色。

【濒危状况及保护措施建议】于全县各村落零星分散种植或由农户自留贮藏种茎，该资源栽培时间长，且民间一直有洗粉加工制作极具地方特色的小吃——米粿的习惯，除非出现极端天气或其他不可抗拒的因素，否则，黄肉木薯一般不会出现濒危或灭绝。建议地方政府可加大木薯特色小吃制作与产品的宣传力度，同时出台相关奖励政策，促进木薯产业的发展；黄肉木薯淀粉含量高和抗风倒性好，科研单位可加大对种质优良特性的挖掘与利用，用科研方式加以保存；可提交国家木薯种质圃保存，如有科研与生产需要再向国家圃申请提供。

（29） 2017351060 本地木薯

【作物类别】木薯

【分类】大戟科木薯属

【学名】*Manihot esculenta* Crantz

【来源地】福建省三明市明溪县城关乡。

【分布范围】于福建省三明市明溪县城关乡与全县各乡镇零星分布。

【农民认知】适宜于当地种植，适应性强，农艺性状表现稳定，抗寒性好，种茎越冬性好，抗旱，耐贫瘠。

【优良特性】植株高大不倒伏，鲜薯块根产量高淀粉含量高，块根亩产量 3 710 kg，淀粉含量 33.15%。

【适宜地区】适宜于华南薯区种植，于无霜区种植更佳。

【利用价值】可加工变性淀粉，是明溪特色小吃——客秋包的上佳原料。

2017351060 本地木薯

【主要特征特性】株型直立，无分枝，茎有 2～3 个分杈，幼茎呈 Z 字形生长，嫩茎灰绿色，成熟主茎的中下部外皮呈灰绿色，内皮呈绿色；顶端未完全展开叶为紫色，嫩叶茸毛较短，第一片完全展开叶为紫绿色，叶脉浅红色，成熟中间裂片叶形呈提琴形，叶片裂叶数 7 片，中间裂叶长 20.2 cm、宽 3.2 cm，叶柄红色带乳黄色，叶柄长度为长形，花青素分布在叶柄中间部分，叶柄痕突起，不开花结籽。块根水平伸长，结薯分散，烂根率低，块根数 12 条，块根圆锥形、无缢痕、表皮中间类型，块根直径粗大，块根外皮黄褐色，内皮黄色，块根肉质白色或乳黄色。

【濒危状况及保护措施建议】全县各村落零星分散种植与自留贮藏种茎，栽培时间长，栽培面积较大，民间一直有人工洗粉、企业加工变性淀粉和制作明溪特色小吃——客秋包的习惯，除非出现极端低温天气或其他不可抗拒的因素，否则，本地木薯一般不会出现濒危或灭绝。建议地方政府可加大木薯特色小吃制作工艺与产品开发的宣传力度，出台相应激励政策，促进木薯产业的发展；本地木薯抗寒性好，种茎越冬性好，抗旱耐贫瘠，科研单位可注重对种质优良抗寒特性的挖掘，用科研方式加以保存；可提交国家木薯种质圃保存，如有科研与生产需要再向国家圃申请提供。

（30） 2019351099 本地木薯

【作物类别】木薯

【分类】大戟科木薯属

【学名】*Manihot esculenta* Crantz

【来源地】福建省漳州市龙海区隆教畲族乡。

【分布范围】主要于龙海区隆教畲族乡海岸岩石区零星分布，无大面积种植。

【农民认知】处于无管理状态，长势良好。

【优良特性】较强的抗风性、抗旱性和抗盐性。

【适宜地区】适宜于福建省龙海区种植。

【利用价值】鲜薯去皮蒸、煮、炒熟食用，或加工成木薯粉，用木薯淀粉辅佐面粉、地瓜粉等加工成粿条，也可替代其他淀粉混肉蒸煮。

【主要特征特性】直立灌木，中大茎，植株高 1.5～3 m，本地一般于清明前后种植，生育期 8 个月左右，鲜薯亩产量约 1 500 kg，块根淀粉含量约 15%；本地木薯在收集地已经有 40 多年的种植历史。其生境为岩石缓坡地，一直处于无管理状态，长势良好，植株未见严重倒伏与风折现象。该资源具有较强的抗风性、抗旱性和抗盐性，可作为抗性育种材料加以研究。

2019351099 本地木薯

【濒危状况及保护措施建议】本品种在当地零星栽培，主要用以满足自家消费，建议加大品种保护及推广力度。

第三节　甘蔗优异种质资源

（31） P350724035 松溪百年蔗

【作物类别】甘蔗

【分类】禾本科甘蔗属

【学名】*Saccharum officinarum* L.

【来源地】福建省南平市松溪县郑墩镇。

【分布范围】福建省南平市松溪县郑墩镇。

【农民认知】松溪百年蔗是我国竹蔗的一个品种，有很发达的根系和像竹鞭一样粗壮的地下走茎。每年清明前后萌发新苗，小雪前后砍收。

【优良特性】松溪县存留的百年蔗根系已经长达几百年，仍然在生长繁衍，且富含营养价值，十分罕见。

【适宜地区】适宜于福建省南平市松溪县郑墩镇种植。

【利用价值】可制作百年蔗红糖，是世

P350724035 松溪百年蔗

界罕见的"百年蔗"。

【主要特征特性】据考证，松溪百年蔗是清朝雍正四年（公元1727年）种下的，是万前村农民魏世早祖上作为"风水蔗"保留下来的。松溪百年蔗的宿根已有280年的历史，这是一个罕见的奇迹。因为世界上的甘蔗宿根寿命都较短，一般只有3～5年。20世纪50年代，曾传说古巴有16年的宿根蔗，据说斯里兰卡有保留到25年的宿根蔗的最高纪录。而松溪县万前村的蔗农，祖祖辈辈辛勤劳动，采取了一套独特耕作技术，培植了200多年的宿根甘蔗，这确实是甘蔗栽培史上的一个奇迹。百年蔗的保留栽培，充分显示了我国劳动人民科学培植宿根蔗的高超技术和悠久历史，为宿根甘蔗的栽培提供了理论和生产实践的宝贵价值。松溪万前村百年蔗是一个极为珍贵的遗产。一般年景亩产2000～2 500 kg，有时可高达3 500多kg，出糖率高出普通蔗1%左右，制成的红糖呈黄白色，糖块松脆可口，味道特别清甜。

茎形直立，气生根少，节间圆筒形，节间曝光前呈黄绿色，曝光后呈黄色，节间长度短（小于8 cm），蜡粉带薄，无木栓，生长裂缝浅，生长带形状不突出，根点排列不规则，芽形卵圆形，芽位上，芽沟无，叶姿挺直叶尖下垂，叶色绿，叶片长102 cm、宽3.05 cm，脱叶性紧，无57号毛群，内叶耳退化，外叶耳退化，抗旱性强，耐寒性强，生长势强。出苗率57.63%，分蘖率41.06%，株高245.0 cm，茎粗1.71 cm，单茎重0.564 kg，蔗糖分11.67%，亩条数12 753条。百年蔗享有"世界第一蔗"的美誉，2016年被农业部列为中国农业文化遗产，"万前百年蔗"于2018年荣获国家地理标志证明商标，百年蔗由此成为松溪独一无二的名片。百年蔗已取得"武夷山水"公共品牌授权。

【濒危状况及保护措施建议】甘蔗在松溪万前村有较大的栽种面积，如今成为"一村一品"农业产业，但由于栽培时间长，种性出现了退化，病虫害发生严重，其品质变劣，产量下降；由于有一定的认可度且极具地方特色，除非出现极端天气或其他不可抗拒的因素，否则，松溪百年蔗一般不会出现濒危或灭绝。建议地方政府可定期召开松溪百年蔗与红糖产品文化节，加大松溪百年蔗的宣传力度；可将其作为杂交材料研究和营养保健开发的重要资源，应加大对其优异特性的挖掘；科研单位建立组培快繁工厂化育苗生产体系，提纯复壮，为生产提供健康种苗；提交国家甘蔗种质圃保存，如有科研与生产需要再向国家圃申请提供。

（32） P350481027 永安青皮

【作物类别】甘蔗

【分类】禾本科甘蔗属

【学名】*Saccharum officinarum* L.

【来源地】福建省三明市永安市槐南镇。

【分布范围】主要分布于福建的永安、大田、南安等地，在漳州、龙岩等蔗区有少量种植。

【农民认知】成熟后表皮较薄，可食率较高。

P350481027 永安青皮

【优良特性】植株高大不倒伏，果蔗清甜多汁，蔗糖分 13.19%，商品性好。

【适宜地区】 南方蔗区均可种植，于无严重霜冻蔗区种植更佳。

【利用价值】 可用于销售、鲜食、榨汁、加工红糖。

【主要特征特性】 茎形直立，节间圆筒形，节间曝光前呈深绿色，曝光后呈黄绿色，节间长度中等（8～15 cm），蜡粉带薄，无木栓，生长裂缝浅，生长带形状不突出，根点排列不规则，芽形卵圆形，芽位上，芽沟浅，叶姿披散，叶色绿，叶片长 130 cm、宽 5.5 cm，脱叶性松，无 57 号毛群，内外叶耳退化，抗旱性弱，耐寒性弱，生长势强。出苗率 62.69%，分蘖率 7.14%，株高 264.8 cm，茎粗 2.644 cm，单茎重 1.453 kg，蔗糖分 13.19%，亩条数 3 401 条。

【濒危状况及保护措施建议】 在三明永安、大田等多个乡镇均有较大的栽种面积。由于栽培时间长，种性出现了退化，病虫害发生严重，品质变劣产量下降。由于有一定的认可度且极具地方特色，除非出现极端天气或其他不可抗拒的因素，否则，永安青皮一般不会出现濒危或灭绝。建议地方政府可召开果蔗节或举办产品推销会，加大永安青皮果蔗的宣传力度；建议做好永安青皮品种地理标志与地方品种登记申请，建立良种繁育基地，为生产提供更多优质种苗；建议科研单位建立组培快繁工厂化育苗生产体系，提纯复壮，为生产提供健康种苗；可提交国家甘蔗种质圃保存，如有科研与生产需要再向国家圃申请提供。

（33） P350128081 平潭果蔗

【作物类别】 甘蔗

【分类】 禾本科甘蔗属

【学名】 *Saccharum officinarum* L.

【来源地】 福建省福州市平潭县。

【分布范围】 福建省福州市平潭县。

【农民认知】 20 多年前常于门口购买蔗尾。

【优良特性】 植株高大不倒伏，果蔗清甜多汁，蔗糖分 12.28%，商品性好。

【适宜地区】 南方蔗区均可种植，于无严重霜冻蔗区种植更佳。

【利用价值】 可用于销售、鲜食、榨汁、加工红糖。

P350128081 平潭果蔗

【主要特征特性】 茎形直立，气生根少，节间圆筒形，节间曝光前深绿色，曝光后黄绿色，节间长度中等（8～15 cm），蜡粉带薄，无木栓，生长裂缝浅，生长带形状不突出，根点排列不规则，芽形卵圆形，芽位上，芽沟浅，叶姿披散，叶色绿，叶片长 127 cm、宽 5.1 cm，脱叶性松，无 57 号毛群，内叶耳三角形，外叶耳退化，抗旱性、耐寒性弱，生长势强。出苗率13.64%，株高257.4 cm，茎粗2.81 cm，单茎重1.596 kg，蔗糖分12.28%，亩条数3 285条。

【濒危状况及保护措施建议】只在平潭县苏平镇东占村采集地发现1～2丛，其余地方未见有栽培，农民自留种繁殖，栽培环境较差，如遇极端天气、人畜破坏或其他不可抗拒的因素，容易出现濒危或灭绝，应采取措施加以保护。建议地方政府可成立县、乡、村保护工作小组，同时加大平潭果蔗的宣传力度；建议做好平潭果蔗品种地理标志与地方品种登记申请，建立良种繁育基地，为生产提供更多优质种苗；建议科研单位建立组培快繁工厂化育苗生产体系，加快平潭果蔗的推广；可提交国家甘蔗种质圃保存，如有科研与生产需要再向国家圃申请提供。

（34） 2020359081 同安果蔗

【作物类别】甘蔗

【分类】禾本科甘蔗属

【学名】*Saccharum officinarum* L.

【来源地】福建省厦门市同安区。

【分布范围】主要分布于厦门市郊及同安区，在泉州、漳州、龙岩等蔗区有少量种植。

【农民认知】成熟后表皮较薄，蔗肉松脆、充实，适口性佳。

【优良特性】清甜多汁，纤维含量低（6.67%），商品性较好。

2020359081 同安果蔗

【适宜地区】适宜于南方蔗区种植，于无严重霜冻蔗区种植更佳。

【利用价值】可用于鲜食、榨汁、加工红糖。

【主要特征特性】茎形直立，节间倒圆锥形，节间曝光前有紫黄色条纹，曝光后呈深绿色，节间长度中等（8～15 cm），蜡粉带薄，无木栓，无生长裂缝，生长带形状不突出，根点成行排列，芽形鸟嘴形，芽位下，芽沟浅，叶姿挺直叶尖下垂，叶色绿，叶长130 cm，叶宽5.5 cm，脱叶性松，无57号毛群，内外叶耳退化，抗旱性中，耐寒性弱，生长势强。

【濒危状况及保护措施建议】同安果蔗在厦门市郊及同安区有较大的栽种面积，在生长后期，即越冬时节，蔗梢的侧芽萌长，不利于种茎保藏。但同安果蔗有一定的认可度且极具地方特色，除非遇极端天气或其他不可抗拒的因素，否则，同安果蔗一般不会出现濒危或灭绝。建议地方政府可召开果蔗节或借助经济特区对外合作多的优势，加大同安果蔗的宣传力度；建议做好同安果蔗品种地理标志与地方品种登记申请，在同安建立良种繁育基地，为生产提供更多优质种苗；建议与科研单位合作建立组培快繁工厂化育苗生产体系，为生产与推广种植提供健康种苗；可提交国家甘蔗种质圃保存，如有科研与生产需要再向国家圃申请提供。

第四节 花生优异种质资源

（35） P350981004 溪潭小种

【作物类别】花生

【分类】豆科落花生属

【学名】*Arachis hypogaea* L.

【来源地】福建省宁德市福安市溪潭镇。

【分布范围】福建省宁德市福安市。

【农民认知】具双仁果者居多，荚果均称，网纹清晰，果实饱满，蛋白质含量高。加工的咸香花生有酥、香、脆、咸中略带甘甜的滋味和口感。

【优良特性】耐涝，抗锈病，小果型，外观好，口感佳，加工价值高。

P350981004 溪潭小种

【适宜地区】适宜于闽东、闽北及浙南地区种植。

【利用价值】适合加工成适口性好的高档白晒花生干果。

【主要特征特性】该花生品种为半匍匐龙生型，全生育期 119 d，株型分散，株高约 80 cm，分枝较少，荚果较小，具有双仁果多、荚果均称、网纹清晰、果实饱满、蛋白质含量高、口感香甜等特色。

【濒危状况及保护措施建议】该品种是具有当地特色的地方农家品种，食味和加工品质佳，具有较高的生产和经济价值。但是由于长期种植，出现了一定程度的品种混杂、种性退化的现象，导致产量下降、病害加重。建议进行提纯复壮并收集保存。

（36） P350582015 黑金刚

【作物类别】花生

【分类】豆科落花生属

【学名】*Arachis hypogaea* L.

【来源地】福建省泉州市晋江市深沪镇。

【分布范围】台湾地区和闽南地区。

【农民认知】种皮黑紫色，可加工为特色花生产品。

【优良特性】抗旱，抗倒伏，果仁大，种皮为黑紫色，口感香脆。

【适宜地区】适宜于我国东南平原地区和台湾地区种植。

【利用价值】特色花生品种，适合加工成保健食品及地方特色产品。

【主要特征特性】该花生品种为直立珍珠豆型，全生育期 127 d，种皮为黑紫色，株型直立紧凑，株高约 37 cm，较矮，分枝较多，荚果较大，果皮厚且硬，具有高产、优质、抗

P350582015 黑金刚

旱、广适、耐贫瘠等特点。

【濒危状况及保护措施建议】该品种系由台湾地区引进的花生品种，较为常见，可进一步观察其具体适应性。

（37） P350423013 赖坊红衣

【作物类别】花生

【分类】豆科落花生属

【学名】*Arachis hypogaea* L.

【来源地】福建省三明市清流县赖坊镇。

【分布范围】福建省三明市。

【农民认知】嚼感脆嫩润滑，细腻无渣。

【优良特性】荚果外观商品性好，种皮为深红色，口感香脆。

【适宜地区】适宜于闽西、闽北地区种植。

P350423013 赖坊红衣

【利用价值】适合加工成烤花生等休闲食品、保健食品及地方特色产品。

【主要特征特性】该花生品种为直立多粒型，全生育期121 d，种皮为深红色，株型直立紧凑，株高约46 cm，分枝较少，荚果细长，果仁小，多数荚果含有3粒籽仁，荚果外观好、优质、口感好。该品种荚果细长，壳薄粒满，果型美观、籽仁长椭圆形，种皮深红色，籽仁以3粒荚居多，甚至达4～5粒，出仁率高。新鲜花生嚼感脆嫩润滑，细腻无渣，加工后，香甜酥脆口感好，食用品质好。该品种是国家地理标志保护产品。

【濒危状况及保护措施建议】赖坊红衣是福建省特有的地方品种，是国家地理标志保护产品。赖坊红衣的种植历史悠久，食用和加工品质好，相关产业有一定发展，具有较高的经济价值。但是需要注意品种混杂、种性退化的现象，建议加强提纯复壮、原种保存以及优异性状挖掘工作。

（38） P350303026 沟鼻花生

【作物类别】花生

【分类】豆科落花生属

【学名】*Arachis hypogaea* L.

【来源地】福建省莆田市涵江区江口镇。

【分布范围】福建省莆田市。

【农民认知】优良品种涵江勾鼻花生，花生籽粒饱满、品质优良、口感好。江口镇村民一直留种种植至今。该品种产量高，荚果籽粒饱满。据当地村民介绍，其最高鲜荚果亩产可达 500 kg，单株荚果最高达 70 个。该品种历史悠久，加上当地地理环境独特，故产量高于其他地方的品种。其品质优良销路好，鲜荚果常被预订抢购，当地农户连年种植，可适用普通的种植管理。

P350303026 沟鼻花生

【优良特性】高产，优质，抗病，抗虫，广适。

【适宜地区】适宜于闽东南沿海地区种植。

【利用价值】鲜食，或加工成花生制品，或用于榨油。

【主要特征特性】主茎高 44.375 cm，总分枝数 6.5，1～2 个荚，珍珠豆型，生育期 125 d，荚果中等大小，种皮粉色，出仁率 72.75%，单株生产率 28.56，果重 198.88 g，百仁重 72.34 g。品质优良销路好，鲜荚果常被预订抢购。

【濒危状况及保护措施建议】福建省特有的地方品种，食用和加工品质好，具有较高的经济价值。但是近年来，由于种植结构调整和外来栽培品种冲击，该品种的种植面积有所萎缩，需要注意品种混杂、种性退化的现象，建议加强提纯复壮、原种保存的工作。

（39） P350825001 文亨红衣花生

【作物类别】花生

【分类】豆科落花生属

【学名】*Arachis hypogaea* L.

【来源地】福建省龙岩市连城县文亨镇。

【分布范围】福建省龙岩市。

【农民认知】双仁，种皮为紫红色，有补血功效，是花生种类中独特的名贵珍稀品种之一。

【优良特性】文亨红衣花生不仅富含脂肪（以不饱和脂肪酸为主）、蛋白质等营养物质，而且因其具有较高的药用保健功效，为消费者所推崇，如其内富含的亚油酸可降低血清胆固醇含量，有预防高血压和动脉粥样硬化等疾病的功效，富含的谷氨酸和天冬氨酸，可促进人脑细胞发育增强记忆能力，富含的锌、硒等微量元素，具一定的防癌功效。

【适宜地区】适宜于闽西地区种植。

【利用价值】鲜食，或加工成花生制品，如花生豆和烘烤花生等花生休闲食品，或用于榨油。

【主要特征特性】连城文亨红衣花生是连城县传统特色农家品种，主产地在文亨镇，种植历史悠久，因其种仁外包紫红色的种衣而得名。

【濒危状况及保护措施建议】文亨红衣花生为福建省特有的地方品种，种植历史悠久，种植地区较广，食用和加工品质好，相关产业有一定的发展，具有较高的经济价值。2011 年 9 月 13 日，文亨红衣花生获农业部农产品地理标志登记证书，是国家地理标志产品，于 2012 年 6 月荣获国家地理标志保护商标。近年来，连城县有关部门加大连城红衣花生的开发研究、品牌营销、技术服务等系列措施，种植面积逐年增加，外销市场稳步扩大。但是需要注意长期生产过程中品种混杂、种性退化的现象，建议加强提纯复壮，原种保存以及优异性状挖掘工作。

P350825001 文亨红衣花生

（40） P350429001 朱口小籽花生

【作物类别】花生

【分类】豆科落花生属

【学名】*Arachis hypogaea* L.

【来源地】福建省三明市泰宁县朱口镇。

【分布范围】福建省三明市。

【农民认知】朱口小籽花生在朱口镇丹霞地貌紫色土区域种植历史悠久，为泰宁本地优质品种。由于加工工艺不同，可制作盐酥花生和炒花生，产品形态以朱口盐酥花生为主。小籽花生荚果饱满，营养丰富，蛋白质、脂肪含量高，香酥味厚，口感香脆。

【优良特性】优质，抗病，抗虫。

P350429001 朱口小籽花生

【适宜地区】适宜于福建省三明市种植。

【利用价值】由于加工工艺不同，可制为盐酥花生和炒花生，产品形态以朱口盐酥花生为主。小籽花生荚果饱满，营养丰富，蛋白质、脂肪含量高。

【主要特征特性】属蔷薇目豆科，一年生草本植物，珍珠豆型，生育期 120 d 左右。分枝性弱，第二次分枝少，株丛直立，叶形大，叶色淡。荚果，果荚较普通花生略小，果壳黄白色，皮薄，网纹较细，典型荚果含种仁 2 粒，籽粒小，果实饱满。种皮的颜色为浅红色。晾晒后，百荚重 127.2 g，百仁重 50.6 g。

【濒危状况及保护措施建议】朱口小籽花生为福建省特有的地方品种，其种植区域较小，食用和加工品质好，具有较高的经济价值。但是需要注意长期生产过程中品种混杂、种性退化的现象，建议加强提纯复壮，做好原种保存以及优异性状挖掘工作。

第五节　其他类经济作物优异种质资源

（41） P350626005 黑麻

【作物类别】芝麻

【分类】胡麻科胡麻属

【学名】*Sesamum indicum* L.

【来源地】福建省漳州市东山县西埔镇。

【分布范围】福建省漳州市。

【农民认知】黑麻是东山县较为古老种植的品种，据记载，其在民国时期就有种植，该品种种子乌黑、细小，具药用和营养价值，该品种适应于东山县海洋气候种植，深受群众喜爱。

P350626005 黑麻

【优良特性】优质，抗病，抗虫，抗旱。

【适宜地区】适宜于福建沿海地区种植。

【利用价值】该品种种子乌黑、细小，具药用和营养价值。

【主要特征特性】黑麻是东山县较为古老种植的品种，据记载，其在民国就有种植，该品种种子乌黑、细小，具药用和营养价值，该品种适应于东山县海洋气候种植，深受群众喜爱。播种期为 2 月下旬，收获期为 6 月上旬。

【濒危状况及保护措施建议】本品种在当地零星栽培，主要用以满足自家消费，建议加大品种保护及推广力度。

（42） P350303014 野生油茶树

【作物类别】油茶

【分类】山茶科山茶属

【学名】*Camellia oleifera* Abel

【来源地】福建省莆田市涵江区萩芦镇。

【分布范围】福建省莆田市。

【农民认知】种子可榨取食用油，油品质量好、价格高。

【优良特性】优质，抗病，抗虫，抗旱，耐寒，耐热，耐贫瘠。

【适宜地区】适宜于中国南方亚热带地区的高山及丘陵地带种植；主要集中在浙江、江西、河南、湖南、广西。

P350303014 野生油茶树

【利用价值】油茶的种子能榨取食用油，油品质量好、价格高、市场认可度高。常食用茶籽油可增强血管弹性和韧性，延缓动脉粥样硬化，改善神经功能，并具有提高人体免疫力及增强胃肠道功能的作用，被公认为“益寿油”“长寿油”。目前，此油在当地的价格是花生油价格的十倍。

【主要特征特性】涵江区的荒山上随处可见，油茶生长的环境不受污染，也几乎不用管理。油茶种子榨取的食用油含有丰富的维生素 E 和胡萝卜素，不饱和脂肪含量高达 85%～97%，比橄榄油的含量还高。

【濒危状况及保护措施建议】野生资源，建议采集枝条嫁接保存繁殖。

（43） P350303013 银杏树

【作物类别】白果

【分类】银杏科银杏属

【学名】*Ginkgo biloba* L.

【来源地】福建省莆田市涵江区大洋乡。

【分布范围】福建省莆田市。

【农民认知】种仁俗称白果，营养丰富，可食用或药用，有微毒，不可多食。

【优良特性】优质，抗病，抗虫，抗旱，广适，耐寒，耐贫瘠。

【适宜地区】国内南北方皆可种植。

【利用价值】为 800 年古银杏树。兼有食用、药用、观赏、园林等价值，种植管理容易，投入收益时间长，果实价格低，种植效益差。

P350303013 银杏树

【主要特征特性】大洋乡有两棵 800 多年的雌雄银杏树，这两棵树均有十几米高，树直径 80 cm，树冠也有十几米宽，2010 年被涵江区列为重点保护植物。

【濒危状况及保护措施建议】 涵江区的两棵银杏树作为 800 多年的银杏古树，较为罕见。目前，福建最大的古银杏群位于尤溪，最大树龄也是 800 多年。建议对银杏古树拍摄照片，建立包括树种名称、古树级别、历史背景、管理单位等详细内容的电子档案，以便人们了解古树及其历史，设置明显标志，便于识别和保护。对银杏古树的保护应具体落实到单位，与邻近的单位签订管护责任状，让单位参与到保护古银杏树的行动中。对古树进行专门管护时，要注意实施古树地下复壮措施，以及树体修建、嫁接、施肥及病虫害防治等问题，严禁砍伐或者迁移。对树龄高、分布面积集中的古银杏树可纳入城乡建设规划，并建立银杏自然保护区。

(44) 2018351215 仙草

【作物类别】 仙草

【分类】 唇形科凉粉草属

【学名】 *Mesona chinensis* Benth.

【来源地】 福建省龙岩市武平县。

【分布范围】 分布于台湾、浙江、江西、广东、广西等地。模式标本采自广东沿海岛屿和福建武平。

【农民认知】 常用其茎加水煎煮，再加稀淀粉制成冻（俗称“凉粉”）食用，是消暑解渴的极佳食品。

2018351215 仙草

【优良特性】 可溶性糖、黄酮含量高，适宜加工成凉茶，制成品清香爽口、色泽透亮。胶质含量高，一般得胶率（干草）在 40%左右，胶质构特性显著（硬度 24.097 g，弹性指数 1.135，内聚力系数 0.456），粗多糖不少于 20 g/kg，总黄酮不少于 105 g/kg。不易发生病虫害，无须施用农药。

【适宜地区】 主要分布于中国广东、广西、江西、福建、浙江、云南等地和台湾地区。印度、印度尼西亚和马来西亚等地也有分布。

【利用价值】 仙草胶质和可溶性物质含量高，草味清香，制得饮料清香爽口，味浓；是生产清凉茶、仙草蜜、烧仙草、黑凉粉的优质原料。

【主要特征特性】 匍匐，叶对生，秋末开花。茎、枝四棱形，具槽，叶狭卵圆形，被平展柔毛。干品为棕黑色干草，具清香味。

【濒危状况及保护措施建议】 该资源分布广泛，保持现状即可。

第五章
优异农作物种质资源——牧草、绿肥

（1） 2017354007 狗牙根

2017354007 狗牙根

【作物类别】 牧草绿肥

【分类】 禾本科狗牙根属

【学名】 *Cynodon dactylon*（L.）Pers.

【来源地】 福建省福州市罗源县。

【分布范围】 广布于全世界温暖地区，在中国分布于黄河以南各地区，其中在福建各地常见。

【农民认知】 草质柔嫩，家畜喜食，可作草坪草。

【优良特性】 草质柔嫩，叶量丰富，家畜喜食，根茎可喂猪，可作优等饲用植物。

【适宜地区】 于中国分布于黄河以南各地区，在福建各地常见。

【利用价值】 可作优等饲用植物、草坪草，可入药，可作水土保持植物。

【主要特征特性】 低矮草本，具根茎。秆细而坚韧，下部匍匐地面蔓延生长，节上常生不定根，直立部分高10～30 cm，直径1～1.5 mm，秆壁厚，光滑无毛，有时略两侧压扁。穗状花序2～6枚，长2～6 cm；小穗灰绿色或带紫色，长2～2.5 mm，仅含1小花；颖果长圆柱形。花果期5—10月。

【濒危状况及保护措施建议】 野生草种，常遇城市建设、农用地改造而造成草种丢失，建议对其进行采集加以保护。

（2） 2017354064 狗尾草

【作物类别】 牧草绿肥

【分类】禾本科狗尾草属

【学名】*Setaria viridis*（L.）Beauv.

【来源地】福建省福州市罗源县。

【分布范围】原产于欧亚大陆的温带和暖温带地区，现广布于全世界的温带及亚热带地区。于中国各地广为分布，尤其在福建各地极常见。

【农民认知】适生性强的野草，可饲用、药用。

【优良特性】秆叶可作饲料，也可入药；全草加水煮沸 20 min 后，滤出液可喷杀菜虫。

2017354064 狗尾草

【适宜地区】适宜于温带及亚热带地区种植。于中国各地广为分布，尤其在福建各地极常见。

【利用价值】秆叶可作饲料、可入药。

【主要特征特性】一年生。根为须状，秆直立或基部膝曲，高 10～100 cm，基部径达 3～7 mm。叶片扁平，长三角状狭披针形或线状披针形，先端长渐尖或渐尖，基部钝圆形，几呈截状或渐窄，叶长 4～30 cm，叶宽 2～18 mm，通常无毛或疏被疣毛，边缘粗糙。圆锥花序紧密呈圆柱状或基部稍疏离，直立或稍弯垂，主轴被较长柔毛，粗糙或微粗糙，直或稍扭曲，通常呈绿色或褐黄到紫红或紫色；小穗 2～5 个，簇生于主轴上或更多的小穗着生在短小枝上，椭圆形。叶上下表皮脉间均为微波纹或无波纹的、壁较薄的长细胞。颖果灰白色。花果期 5—10 月。

【濒危状况及保护措施建议】野生草种，常遇城市建设、农用地改造而造成草种丢失，建议进行采集加以保护。

（3） 2017354106 狼尾草

【作物类别】牧草绿肥

【分类】禾本科狼尾草属

【学名】*Pennisetum alopecuroides*（L.）Spreng.

【来源地】福建省福州市罗源县。

【分布范围】分布于中国、印度、印度尼西亚、朝鲜、日本、马来西亚、缅甸、菲律宾以及大洋洲、太平洋群岛各国，在中国分布于西南、华东、华中、华北至东

2017354106 狼尾草

北各地，尤其在福建各地常见。

【农民认知】产量高，是夏季重要的饲草。

【优良特性】质地柔软，根系发达，生长快，叶量丰富，各种家畜均喜食。

【适宜地区】适宜于中国南方地区种植，在福建各地常见。

【利用价值】叶量丰富，各种家畜均喜食；可放牧，也可刈制干草或青贮；根系发达，可作固堤护岸植物。

【主要特征特性】多年生；须根较粗壮；秆直立，丛生，高 30～150 cm，在花序下密生柔毛；叶鞘光滑，叶舌具长约 2.5 mm 纤毛；叶片线形，叶长 10～80 cm，叶宽 3～8 mm，先端长渐尖，基部生疣毛；圆锥花序直立，长 5～25 cm，宽 1.5～3.5 cm；主轴密生柔毛；颖果长圆形，长约 3.5 mm；叶片表皮细胞结构为上下表皮不同；上表皮脉间细胞 2～4 行为长筒状、有波纹、壁薄的长细胞；下表皮脉间 5～9 行为长筒形，壁厚，有波纹长细胞与短细胞交叉排列；花果期在夏秋季。

【濒危状况及保护措施建议】野生草种，常遇城市建设、农用地改造而造成草种丢失，建议进行采集加以保护。

(4) 2017354107 合萌

【作物类别】牧草绿肥

【分类】豆科合萌属

【学名】*Aeschynomene indica* L.

【来源地】福建省福州市罗源县。

【分布范围】分布于非洲、大洋洲、亚洲的热带地区及朝鲜、日本。在中国分布于华南、华东、华中、西南和东北地区，在福建各地常见。

【农民认知】优良的绿肥植物，全草可入药，能利尿解毒。

【优良特性】草质柔软，茎叶肥嫩，适口性好，营养价值高。

【适宜地区】在中国分布于华南、华东、华中、西南和东北地区，在福建各地常见。

2017354107 合萌

【利用价值】适口性好，营养价值高，可放牧利用，也可刈割后青贮或调制干草，各类家禽均喜食，是一种较好的豆科饲用植物；全草可入药，能利尿解毒；茎髓质地轻软，耐水湿，可制遮阳帽、浮子、救生圈和瓶塞等；种子有毒，不可食用。

【主要特征特性】一年生草本或亚灌木状，茎直立，高 0.3～1 m；多分枝，圆柱形，无毛，具小凸点而稍粗糙，小枝绿色；叶具 20～30 对小叶或更多，托叶膜质，卵形至披针形，长约 1 cm，叶柄长约 3 mm；小叶近无柄；总状花序比叶短，腋生，长 1.5～2 cm，总花梗长 8～12 mm，花梗长约 1 cm，荚果线状长圆形，直或弯曲，长 3～4 cm，宽约 3 mm，荚节

4～10，不开裂，成熟时逐节脱落；种子黑棕色，肾形，长 3～3.5 mm，宽 2.5～3 mm。花期 7—8 月，果期 8—10 月。

【濒危状况及保护措施建议】野生资源，常遇城市建设、农用地改造而造成草种丢失，建议进行采集加以保护。

（5） 2018354011 鹅观草

【作物类别】牧草绿肥

【分类】禾本科鹅观草属

【学名】*Roegneria kamoji* Ohwi.

【来源地】福建省南平市武夷山市。

【分布范围】分布于朝鲜及俄罗斯远东地区，于中国分布较普遍，在福建大部分地区普遍分布。

【农民认知】产草量大，适口性好，可作牲畜的饲料。

【优良特性】叶质柔软而繁盛，产草量大、可食性高。

【适宜地区】于中国分布较普遍，在福建大部分地区普遍分布。

【利用价值】叶质柔软而繁盛，产草量大，动物喜食，是优等饲用植物。

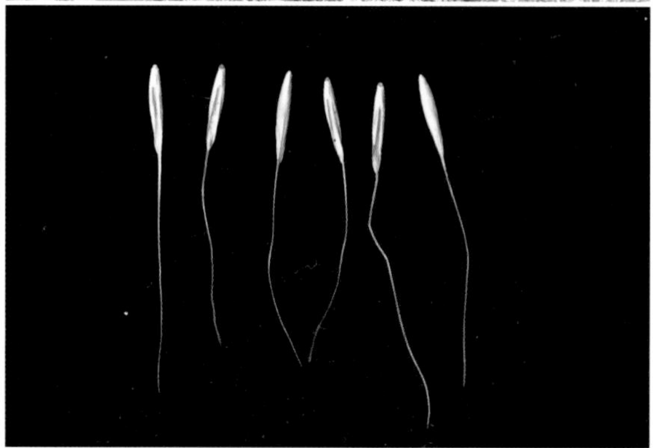

2018354011 鹅观草

【主要特征特性】秆直立或基部倾斜，高 30～100 cm；叶鞘外侧边缘常具纤毛，叶片扁平，叶长 5～40 cm，叶宽 3～13 mm；穗状花序长 7～20 cm，弯曲或下垂，小穗绿色或带紫色，长 13～25 mm（芒除外），含 3～10 小花；颖卵状披针形至长圆状披针形，先端锐尖至具短芒（芒长 2～7 mm）；外稃披针形，具有较宽的膜质边缘，上部具明显的 5 脉，第一外稃长 8～11 mm，先端延伸成芒，芒粗糙，劲直或上部稍有曲折，长 20～40 mm；内稃约与外稃等长，先端钝头，脊显著具翼，翼缘具有细小纤毛。

【濒危状况及保护措施建议】野生资源，常遇城市建设、农用地改造而造成草种丢失，建议进行采集加以保护。

（6） 2018354069 葛藤

【作物类别】牧草绿肥

【分类】豆科葛属

【学名】*Pueraria lobata*（Willd.）Ohwi

2018354069 葛藤

【来源地】福建省南平市武夷山市。

【分布范围】东南亚至澳洲、非洲、美洲、欧洲均有引种栽培，中国除新疆和西藏外，全国各省区均有分布，在福建各地常见。

【农民认知】适生性好，可作饲料。

【优良特性】营养丰富，适口性好，牛、羊喜食，可刈割青饲，调制青贮饲料及放牧利用。

【适宜地区】中国除新疆和西藏外，全国各省区均有分布，在福建各地常见。

【利用价值】可饲用；葛藤块根富含淀粉，可制成各种保健食品和饮料；块根及花入药，有解热透疹、生津止渴、解毒、止泻之功效；种子可榨油；茎皮纤维质量好，可作制绳、编织及造纸原料；也是一种良好的水土保持植物。

【主要特征特性】粗壮藤本，长可达 8 m，全体被黄色长硬毛，茎基部木质，有粗厚的块状根。羽状复叶具 3 小叶；托叶背着，卵状长圆形，具线条；小托叶线状披针形，与小叶柄等长或较长；小叶三裂，偶尔全缘，顶生小叶宽卵形或斜卵形。总状花序长 15～30 cm，中部以上有颇密集的花；花 2～3 朵聚生于花序轴的节上；花萼钟形；荚果长椭圆形，扁平，被褐色长硬毛。花期 9—10 月，果期 11—12 月。

【濒危状况及保护措施建议】野生资源，常遇城市建设、农用地改造而造成草种丢失，建议进行采集加以保护。

图书在版编目（CIP）数据

福建省优异农作物种质资源图鉴／余文权等编著
.—北京：中国农业出版社，2022.5
ISBN 978-7-109-29335-9

Ⅰ.①福… Ⅱ.①余… Ⅲ.①作物—种质资源—福建—图集 Ⅳ.①S329.257-64

中国版本图书馆CIP数据核字（2022）第063453号

中国农业出版社出版
地址：北京市朝阳区麦子店街18号楼
邮编：100125
责任编辑：魏兆猛　　文字编辑：董　倪
责任校对：刘丽香
印刷：北京通州皇家印刷厂
版次：2022年5月第1版
印次：2022年5月北京第1次印刷
发行：新华书店北京发行所
开本：787mm×1092mm　1/16
印张：11.5
字数：260千字
定价：168.00元

版权所有・侵权必究
凡购买本社图书，如有印装质量问题，我社负责调换。
服务电话：010-59195115　010-59194918